压力输水盾构隧洞钢内衬联合承载结构
研究与应用

严振瑞　唐欣薇　陆岸典　张　武　著

中国建筑工业出版社

图书在版编目 (CIP) 数据

压力输水盾构隧洞钢内衬联合承载结构研究与应用 /
严振瑞等著. — 北京：中国建筑工业出版社，2023.5
ISBN 978-7-112-28685-0

Ⅰ. ①压… Ⅱ. ①严… Ⅲ. ①过水隧洞-盾构-钢结
构-研究 Ⅳ. ①TV672

中国国家版本馆 CIP 数据核字（2023）第 074800 号

本书依托于珠江三角洲水资源配置工程，针对压力输水盾构隧洞钢内衬联合承载结构，系统地介绍了衬砌结构在内外压条件下变形特征与承载机理，亦详细介绍了钢内衬结构设计、钢管加工及安装、混凝土浇筑等工程应用情况，为该结构在其他同类工程中的推广及应用提供设计与施工参考。主要内容包括：绪论；结构界面材料及其性能研究；钢内衬联合承载结构足尺模型试验与数值分析；钢内衬结构原位试验与数值分析；钢内衬结构抗外压稳定机理研究；钢内衬联合承载结构工程应用。

本书可供水利水电、隧道结构、岩土工程等领域的科研、设计、施工技术人员及高等院校师生参考。

责任编辑：辛海丽

责任校对：孙　莹

压力输水盾构隧洞钢内衬联合承载结构
研究与应用

严振瑞　唐欣薇　陆岸典　张　武　著

*

中国建筑工业出版社出版、发行（北京海淀三里河路 9 号）

各地新华书店、建筑书店经销

北京鸿文瀚海文化传媒有限公司制版

北京中科印刷有限公司印刷

*

开本：787 毫米×1092 毫米　1/16　印张：9½　字数：228 千字
2023 年 5 月第一版　　2023 年 5 月第一次印刷
定价：**98.00** 元
ISBN 978-7-112-28685-0
（41043）

序 一

珠江三角洲地区是粤港澳大湾区的重要组成部分，是我国经济高质量发展的先行地区。作为提升大湾区水安全保障的战略性工程，珠江三角洲水资源配置工程将有效解决深圳、东莞及广州南沙等区域生活缺水问题，改善东江下游河道枯水期生态环境流量，同时为香港特别行政区提供紧急备用水源，是粤港澳大湾区建设的重要基础设施。

珠三角工程输水线路穿越珠三角核心城市群，为了实现"少征地、少拆迁、少扰民"的目标，打造新时代生态智慧水利工程，该工程采用深埋盾构的方式，在纵深 40～60m 的地下建造，包括"一条干线、二条分干线、一条支线、三座泵站、四座交水水库"。其中，输水干线总长 90.3km，深圳、东莞分干线分别长 11.9km、3.5km，南沙支线长 7.4km，采用管道和隧洞输水；整体工程已于 2019 年全面开启，建设工期约 60 个月，将于 2023 年底建成通水，为粤港澳大湾区发展提供战略支撑，全面推动绿色发展，建设美丽中国。

为了充分发挥材料物理力学性能、优化结构设计，本工程提出一种"管片-自密实混凝土-钢管"联合承载衬砌结构，鉴于联合承载机理的复杂性，该结构尚无应用先例。为此，相关设计、施工和研究单位围绕关键技术难题进行专项攻关，从注浆材料、结构优化、施工设备等方面开展针对性的科学研究，并取得了多项阶段性研究成果，将该结构应用于工程实践！

本书是总结压力输水盾构隧洞与钢内衬联合承载结构的专著，系统地介绍了衬砌结构在内外压条件下变形特征与承载机理，并结合实际工程应用情况，从结构设计、钢管加工及安装、混凝土浇筑等方面作了详细介绍，可为推广与应用于其他同类工程提供经验参考。

中国科学院　院士　张楚汉
清华大学　教授

张楚汉

2023 年 3 月

序 二

作为人口最多、经济总量居前的全球最大湾区，粤港澳大湾区面临着水资源分布不均、开发利用不平衡、应急备用水源不足等一系列难题，制约湾区战略发展，跨流域调水工程势在必行。珠江三角洲水资源配置工程是《粤港澳大湾区发展规划纲要》的水利基础设施项目，亦是国务院部署的172项节水供水重大水利工程之一，对提高珠三角城市供水安全和应急保障能力、推动粤港澳大湾区高质量发展具有重要意义！

珠江三角洲水资源配置工程是目前世界上输水压力最高、盾构隧洞最长的调水工程。输水线路主要采用地下深埋盾构隧洞，沿线穿越珠三角核心城市群，水文地质情况异常复杂，隧洞最高设计内压达1.3MPa，对衬砌结构设计及施工提出巨大挑战！设计单位联合相关施工及科研单位针对关键技术问题开展一系列科研专项研究，在工程中首次采用钢内衬联合承载衬砌结构形式，充分发挥管片及围岩的力学性能。

技术团队围绕钢内衬联合承载结构，从材料性能、结构界面等方面探究了联合承载机理；相继开展足尺模型试验、原位验证试验及数值仿真分析，揭示了该结构在内外压作用下的变形规律及承载特性，为钢内衬联合承载结构首次推广应用于工程实践提供坚实的理论支撑及技术保障。

本书系统总结了高内压输水盾构隧洞钢内衬联合承载结构的设计理念和施工工艺，为该衬砌结构形式的推广与应用提供重要技术支撑，可作为工程技术人员及学者的参考资料。

中国工程院　　　院士　　陈湘生
俄罗斯工程院　　外籍院士

2023 年 3 月

前　言

　　珠江三角洲水资源配置工程是国务院部署的 172 项节水供水重大水利工程之一，也是世界上输水压力最大、盾构隧洞最长的调水工程。工程输水线路全长 113km，总投资约 354 亿元，受水区人口约 3000 万人，受益人口约 5000 万人，建成后将有效解决广州南沙、深圳、东莞等地水源单一及经济社会发展带来的缺水问题，并为香港、顺德、番禺等地提供应急备用水源，构建湾区城市多水源供水格局，为粤港澳大湾区建设提供重要的战略支撑。

　　工程采用全封闭深层地下输水方式，输水隧洞位于地下 40～60m 处，穿越珠三角核心城市群以及珠江出海口狮子洋，施工难度大。区别于地铁等其他交通隧道工程，珠江三角洲水资源配置工程输水隧洞结构除了需要承受巨大的外部水压力和土压力外，还需承受高达 1.3MPa 的内水压力，国内已建成的南水北调中线穿黄工程、广州市西江引水工程等的输水内压均小于 0.55MPa。目前，国内外对高压输水深埋盾构隧洞工程尚缺乏成熟的理论和施工经验。为解决关键技术问题，广东粤海珠三角供水有限公司组建了由国内专业机构及著名高校组成的科研团队，联合开展专项研究。

　　在兼顾经济性的基础上，本工程采用了盾构隧洞三层复合衬砌结构，由外到内依次为盾构管片衬砌、充填自密实混凝土和内衬钢管。外层管片是盾构施工的防护，用于抵抗外部土和水的压力。内衬钢管为输水管道，用于承受高内水压力，钢管外侧焊接加劲环，以增加其抗外压稳定性。管片和钢管之间填入自密实混凝土，通过混凝土重力实现自流并密实，适用于充填狭小空间。在高内水压力作用下，内衬钢管会径向膨胀变形，导致自密实混凝土开裂。为评估其对内衬钢管抗外压的承载能力的影响，科研团队在阳江钢管厂进行了足尺模型抗外压稳定试验。

　　科研团队在北京中建技术中心大型试验场开展了足尺模型破坏试验，以揭示钢内衬联合承载结构的受力变形、破坏机理及极限承载能力。在系列室内模型试验及精细数值模拟的基础上，科研团队结合工程建设需要，在深圳开展了工程试验段的原位验证试验。试验段工程全长 1667m，其中 339m 为原位结构试验段，开展单层衬砌、管片-钢筋混凝土内衬、管片-钢内衬分开以及联合受力四种结构断面的验证试验；其余 1328m 为施工工艺试验段，开展内衬钢管的洞内运输、安装、焊接及内衬钢管与管片间的自密实混凝土浇筑等工艺试验。

为了在试验中实现内水压力的精确模拟，工程师们经过广泛的调查研究、反复论证，开发了一种具有自主知识产权的内水压模拟方法：采用囊体充水的方式模拟内水压力，高压囊体配合内撑钢管反力支架作为加载装置。为了确保囊体充水后衬砌结构的受力与变形等监测数据的实时性、准确性、真实性以及囊体和加压系统的匹配性，试验广泛采用线缆集成度高的光纤传感技术，配合传统的振弦式、电阻式传感器等以实现监测系统的智能感知。

科研团队充分发扬勇于创新、严谨求实的科学精神，集智攻关、团结协作，已申请发明或实用新型专利 10 余项；研发的自密实混凝土材料，经原位试验段初步应用，可满足长距离泵送、狭窄空间浇筑的实际需要；研制的钢管专用运输台车集洞内运输、对中等自动化功能于一体，经初步试用，效果良好；研制的管壁自动焊接机器人，可代替人工完成洞内环境的焊接作业，大大降低施工作业风险，且焊接质量稳定。

基于前期系统理论研究、大型结构试验、精细数值模拟等研究工作，设计单位结合珠江三角洲水资源配置工程沿线条件，首次将钢内衬联合承载结构推广应用于工程实践，其设计经验、施工工艺和研究成果为该结构在其他同类工程中的应用奠定坚强的技术保障，为珠江三角洲水资源配置工程的顺利建设提供有力的科研支撑，为推动粤港澳大湾区战略发展做出应有的贡献。

全书共 6 章。第 1 章为绪论，主要介绍工程背景、结构设计方案、研究现状；第 2 章介绍了结构界面材料及其性能；第 3 章介绍了钢内衬联合承载结构足尺模型试验，并对其承载机理进行了研究；第 4 章基于钢内衬原位试验对比分析了钢内衬分离式与联合式承载特点；第 5 章探讨了钢内衬抗外压稳定机理；第 6 章展示了钢内衬联合承载结构的工程应用。

本书的出版离不开科研团队每一位成员的努力和付出。其中，结构界面材料及其性能的研究工作主要由清华大学安雪晖教授、重庆交通大学李鹏飞副教授和北方工业大学何世钦副教授课题组共同完成；钢内衬结构试验主要由广东省水利电力勘测设计研究院有限公司严振瑞项目团队、华南理工大学唐欣薇副教授课题组等单位合作完成。

珠江三角洲水资源配置工程关键技术攻关与实施应用，不仅凝聚了项目全体工作人员的智慧与汗水，亦得到各级领导的密切关注与业内众多专家的鼎力支持，在此对广东省水利厅、广东粤海珠三角供水有限公司、广东水电二局股份有限公司、广东省水利水电科学研究院以及清华大学、华南理工大学、重庆交通大学、北方工业大学等单位表示衷心的感谢；感谢广东省水利电力勘测设计研究院有限公司秦晓川、姚广亮、黄井武、王建学、林武东、黄晓燕等设计人员；感谢周力、黄文敏、黄鸿浩、陈高敬、郑怀丘、林少群、姚晓庆、何灏典、莫键豪、李辉庭、麦胜文、辛高志、谭妮、刘鑫、王曼菲、刘微等同学对本书科研工作给予的鼎力支持。

　　谨以此书献给所有为此项目付出艰辛工作的单位与个人。

　　限于作者水平，书中不妥之处在所难免，诚盼读者不吝赐教。

2023 年 1 月 11 日于广州

目　录

第1章　绪论 ··· 1

1.1　工程概况 ·· 1

1.2　压力输水盾构隧洞钢内衬结构方案 ······································ 3

1.3　研究现状 ·· 4

1.4　小结 ·· 5

第2章　结构界面材料及其性能研究 ·································· 8

2.1　高性能混凝土材料的选取 ·· 8

2.2　自密实混凝土技术指标 ·· 9

2.3　往复荷载作用下钢-自密实混凝土界面力学性能 ·············· 15

2.4　自密实混凝土与管片界面粘结性能 ····································· 25

2.5　小结 ·· 31

第3章　钢内衬联合承载结构足尺模型试验与数值分析 ············ 33

3.1　试验构件 ·· 33

3.2　加载系统 ·· 37

3.3　测量方案 ·· 42

3.4　试验结果 ·· 49

3.5　数值分析 ·· 61

3.6　小结 ·· 68

第4章　钢内衬结构原位试验与数值分析 ·························· 70

4.1　输水盾构隧洞结构试验 ·· 70

4.2　试验结果 ·· 76

4.3　三维有限元模型 ·· 81

4.4　数值仿真与讨论 ·· 84

4.5　小结 ·· 89

第5章　钢内衬结构抗外压稳定机理研究 ·························· 91

5.1　足尺模型试验 ··· 91

5.2　试验结果 ·· 97

5.3 数值仿真 ·· 109

5.4 小结 ·· 114

第6章 钢内衬联合承载结构工程应用 ···················· 116

6.1 基本资料 ·· 117

6.2 设计原则与要求 ·· 123

6.3 结构设计 ·· 125

6.4 隧洞施工 ·· 130

6.5 小结 ·· 140

第1章 绪论

1.1 工程概况

珠江三角洲地区是我国最早实施改革开放的地区，也是国家重要的经济中心区域，在全国经济社会发展和改革开放大局中具有突出的带动作用和举足轻重的战略地位。根据《国务院关于印发全国主体功能区规划的通知》（国发【2010】46号），珠江三角洲地区为国家层面的优化开发区域，是我国人口集聚最多、创新能力最强、综合实力最强的三大区域之一。珠江三角洲水资源配置工程受水区主要涉及的广州市南沙区、深圳市以及东莞市等地处珠江三角洲的核心地带。同时，根据《中华人民共和国国民经济和社会发展第十四个五年规划和2035年远景目标纲要》，完善水资源配置体系，建设水资源配置骨干项目，加强重点水源和城市应急备用水源工程建设成为基础设施建设任务中的重要一环。

2008年底，国家发展和改革委员会批复了《珠江三角洲地区改革发展规划纲要（2008—2020年）》，为广东省珠江三角洲地区发展注入了新的活力和动力。近年来，珠江三角洲地区经济得到进一步发展，快速的城市化、工业化进程和人口的不断增长，使得用水需求在较长一段时间内将持续增长，保障供水安全的任务越来越艰巨，对水资源开发利用也提出了更高要求。

以珠江三角洲为腹地的粤港澳大湾区，长期以来面临着水资源分布不均，开发利用不平衡、应急备用水源不足等问题，制约着粤港澳大湾区的未来发展，开展调水工程势在必行。珠江三角洲水资源配置工程是国务院批准的《珠江流域综合规划（2012—2030年）》中提出的重要水资源配置工程，也是国务院要求加快建设的全国172项节水供水重大水利工程项目之一。实施该工程可有效解决城市经济发展的缺水矛盾，改变广州市南沙区从北江下游沙湾水道取水及深圳市、东莞市从东江取水的单一供水格局，提高供水安全性和应急备用保障能力，适当改善东江下游河道枯水期生态环境流量，对维护广州市南沙区、深圳市及东莞市供水安全和经济社会可持续发展具有重要作用。

此项工程为《粤港澳大湾区发展规划纲要》出台后，粤港澳大湾区首个开工建设的大型基础设施项目，工程主要任务是自西江向珠江三角洲东部调水。工程建设不仅解决广州、深圳、东莞生活及生产缺水问题，还将改变大湾区东部单一供水水源现状，实现东江、西江双水源、双保障，提高供水保证率。同时，为香港、广州番禺、佛山顺德等地提供应急备用水源，是粤港澳大湾区建设的重要基础设施，将显著增强水资源的应急保障能力，为粤港澳大湾区发展提供战略支撑，助力打造国际一流湾区和世界级城市群。针对工程输水线路穿越珠三角核心城市群，沿线人口众多，建筑密集，环境敏感等特点，采用地下 40～60m 深层隧洞输水的解决方案，选择"少征地、少拆迁、少扰民"的建设方式，打造新时代生态智慧水利工程。

如图 1-1 所示，工程从顺德区龙江镇和杏坛镇交界处的西江鲤鱼洲取水，输水至南沙区规划新建的高新沙水库和已建的东莞市松木山水库、深圳市罗田水库与公明水库，沿途设置鲤鱼洲、高新沙、罗田等三级泵站提水。工程主要建设内容由输水干线工程（鲤鱼洲取水口—罗田水库）、深圳分干线（罗田水库—公明水库）、东莞分干线（罗田水库—松木山水库）和南沙支线（高新沙水库—黄阁水厂）组成，鲤鱼洲取水口至高新沙水库输水线路采取双线布置，其他线路均采取单线布置。输水线路总长度 113.2km。干线输水线路长 90.3km，深圳分干线输水线路长 11.9km，东莞分干线输水线路长 3.6km，南沙支线线路长 7.4km。

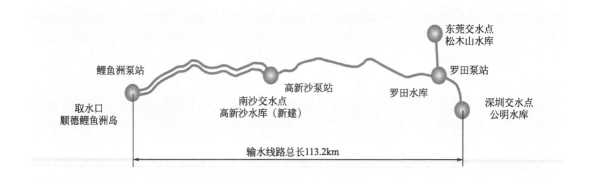

图 1-1 珠江三角洲水资源配置工程总体线路

鲤鱼洲至高新沙水库输水主干线长 41.0km，设计输水流量为 80m³/s，流速 2.3m/s，采用泵站提水重力自流的有压输水方式，输水管道结构形式为双线盾构隧洞和双孔箱涵。其中，双线盾构隧洞长 40.7km，为 2D6000 盾构隧洞，采用钢管内衬，内径为 DN4800，底部设置宽 2.5m 的行车道。

高新沙水库至沙溪高位水池段输水主干线长 28.3km，其中单线盾构隧洞长 28.07km，设计输水流量为 60m³/s，流速约 1.87m/s，采用泵压输水方式，为 1D8300 盾构隧洞，内衬无粘结预应力混凝土结构，内径 DN6400，底部设置宽 3.0m 的行车道。

沙溪至罗田水库输水主干线长 21.0km，设计输水流量为 55m³/s，主要采用重力自流的无压输水方式。输水管道结构形式为单线钻爆法隧洞、TBM 法隧洞、盾构隧洞和箱涵。其中 1D8300 盾构隧洞长 2.4km，采用无粘结预应力混凝土内衬结构，内径 DN6400，设计流速约 1.7m/s。

深圳分干线长 11.9km，设计输水流量为 30m³/s，采用泵压输水的有压输水方式。输水管道结构形式为埋管、钻爆法隧洞和盾构隧洞。其中，盾构隧洞长 4.9km，为 1D6000 盾构隧洞，采用钢管内衬，内径 DN4800，设计流速约 1.7m/s。

东莞分干线长 3.6km，设计输水流量为 15m³/s，采用重力自流的有压输水方式。输水管道结构形式为钻爆法隧洞、顶管和箱涵。

南沙支线长 7.4km，设计过流量为 12m³/s，采用有压重力自流输水方式。输水管道结构形式为 1D4100 盾构隧洞，采用钢筋混凝土内衬，内径 DN2800，设计流速约 1.95m/s。

工程建成后，2030、2040 水平年多年平均引水量分别为 13.82 亿m³、17.87 亿m³，受水区人口约 3000 万人。工程总投资约 354 亿元，总工期为 60 个月。

1.2 压力输水盾构隧洞钢内衬结构方案

珠江三角洲水资源配置工程输水隧洞穿越地区为珠江三角洲核心城市群，具有房屋密集，河网发达，软土覆盖层深厚，地表水水量大，内外水压力高等特点。其中，沿线输水隧洞最大工作内水压力达 1.2MPa，设计内水压力高达 1.3MPa，是迄今世界上内水压力最高的长距离盾构输水隧洞。

经方案比选，鲤鱼洲至高新沙水库段、深圳分干线压力输水盾构隧洞选择"管片-自密实混凝土-钢管"衬砌结构形式[1]。其中，外层衬砌采用 C55 预制钢筋混凝土管片（外径 6m；内径 5.4m；厚度 0.3m；环宽 1.5m）。每环管片由 3 块标准块（B1～B3）、2 块邻接块（L1～L2）及 1 块封顶块（F）组成，如图 1-2 所示。标准块圆心角为 72°，邻接块圆心角为 64.5°，封顶块圆心角为 15°。管片纵缝共由 12 根 M24 不锈钢环向弯螺栓连接，管片环缝按 36°等角度共设置 10 根 M24 不锈钢纵向弯螺栓连接。螺栓、螺母机械性能等级均为 A4-70 级，屈服强度为 450MPa，抗拉强度为 700MPa。内层衬砌采用 Q345C 钢管，沿外壁纵向设置同材质环状加劲肋，管片与钢管之间浇筑 C30 自密实混凝土。

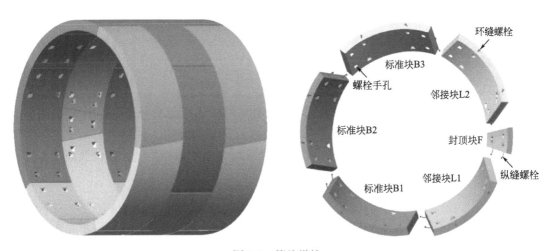

图 1-2 管片拼接

1.3 研究现状

1.3.1 盾构输水隧洞衬砌结构工程现状

盾构法是一种修建隧道工程的机械化施工方法，具有施工速度快、对地面建筑物影响小、质量易于控制等优点。国外挪威最早使用盾构法修建水下输水隧洞[2]，其他国家相继开展盾构输水隧洞工程建设，如，环伦敦供水工程输水隧洞二期、鲭石川输水隧道、澳大利亚雪山调水工程、加利福尼亚州调水工程、埃及穿越苏伊士运河输水隧洞工程等，并制定相应的设计与施工规范[3-7]。20世纪90年代，盾构工法在国内迅速发展，并广泛应用于大型输水隧洞工程中，如，阜新煤矿输水隧洞、青松电站引水隧洞、南昌城北水厂输水隧洞、引大济湟总干渠引水隧洞、上海青草沙输水隧洞等工程[8-11]。目前，盾构输水隧洞主要采用如下四种衬砌结构。

1. 无内衬的单层管片结构

采用钢筋混凝土管片单层衬砌结构，管片内侧不另设内衬，施工期间管片承受外部水土压力，运行期间需承受内水压力。如，上海青草沙供水工程设计内水压力为0.45MPa，仅用盾构管片（无内衬）承担内外水土压力[8]。该结构形式受力明确，部分内外水压力可以相互抵消。当内外压差不大时，结构经济合理，施工简单快捷。由于管片结构直接承受内水压力作用，其结构耐久性要求高，受限于钢筋混凝土管片材料和连接螺栓性能，此种结构不具备承担较大的内外压差的条件。

2. 钢筋混凝土内衬结构

采用钢筋混凝土衬砌作为内衬，如，北京团结湖至第九水厂一期输水工程[12]，隧洞长8.23km，内衬采用0.35m厚现浇混凝土结构，最大内水压力为0.3MPa。该结构需满足裂缝验算要求，承受内水压力能力有限。

3. 预应力混凝土内衬结构

采用预应力混凝土衬砌作为内衬，如，南水北调中线穿越黄河隧洞设计内水压力为0.517MPa，采用盾构管片内设预应力混凝土内衬的复合结构[13]。该结构可用于内外压力差较大的工程，但预应力施工要求较高，须解决预应力张拉质量控制、钢绞线耐久性、锚具防腐等关键技术。

4. 钢管内衬结构

采用钢管内衬的衬砌结构防水性能好，一般适用于内外压力差较大的输水工程。根据钢管与管片之间的关系，可分为分开式和联合式衬砌结构。分开式结构在钢管和管片之间设置隔离层，并在隔离层设置排水，避免渗压对内、外衬的影响，使内、外衬分别受力，如，广州西江引水工程管道设计工作压力为0.6MPa，设计内水压力为0.9MPa。采用盾构管片单独承担外水土荷载，内衬钢管单独承担内水压力，管片和钢间填充自密实混凝土，在管片内侧设置排水垫层，管片和内衬未联合作用承担荷载[14]。上述结构受力明确，安全度较大，对地质条件无过高要求。

联合式衬砌结构取消了管片内侧的排水垫层，使得管片与钢管联合受力，共同承担荷载，形成管片＋钢内衬联合承载结构。该结构需确保内、外衬之间紧密结合，对不同材料界面粘结性能、地质条件具有一定的要求。围岩及管片衬砌分担内衬的承载，相对于分开式结构，可充分发挥材料性能，优化结构设计。然而，工程界对其复杂的传力机理缺乏充分的认识，极大地制约了盾构输水隧洞钢管联合承载衬砌结构的推广与应用，未见该结构的应用报道，其力学行为特征、承载机理、隧洞安全性和工作性能等亟待开展研究，为节省工程投资、确保工程安全提供重要技术支撑。

1.3.2 复合衬砌联合承载机理研究现状

学者针对复合衬砌结构已展开广泛研究，Nasri 等[15]进行全尺寸衬砌结构试验，研究了不同荷载模式下双层衬砌力学行为特征；Takamatsu 等[16]采用试验和理论分析对盾构隧道双层衬砌的纵向力学效应进行了研究，提出了一类双层衬砌结构设计方法。Ahmad 等[17]基于 UDEC 模型对库姆鲁德输水隧道管片衬砌节点相互作用机理进行了研究。梁敏飞等[18]针对盾构隧道双层衬砌结构建立三维力学分析模型。晏启祥等[19]开展了水压条件下盾构隧道双层衬砌结构力学特性分析。张厚美等[20,21]以有压输水双层衬砌隧洞为背景，根据双层衬砌结合面处理方式提出层间压缩、局部抗弯和抗剪压缩三种分析模型。何川等[22]基于广深港狮子洋隧道工程，进行单双层衬砌纵向力学性能试验，分析了单双层衬砌在软硬交替地层中纵向力学性能变化规律。阳军生等[23]基于台山核电站海底双层衬砌取水盾构隧洞现场测试数据，提出一种准确计算软土地层海底盾构隧道设计荷载的方法。Yang 等[24]基于南水北调中线穿黄输水隧洞，采用三维数值方法分析了界面植筋、界面有隔膜两种预应力双层衬砌的受力性能。孙钧等[25]基于有压输水隧洞双层衬砌叠合模型，提出表征管片纵缝接头的非线性耦合弹簧模型。

另外，基于衬砌与围岩联合承载的衬砌设计理念，已开展衬砌与围岩联合承载机理研究。苏凯等[26]采用轴对称计算模型，研究了衬砌混凝土开裂前后围岩渗透系数、变形模量等材料参数对衬砌与围岩联合承载特性的影响。杨光华等[27]采用荷载结构法，建立了盾构隧洞复合衬砌的荷载结构共同作用模型。佘学成等[10]对管片衬砌在承受高内水压下的应力与变形特性进行三维有限元分析。李敏等[28]针对城市修建的地下盾构输水隧洞双层衬砌的联合受力性状开展研究。

1.4 小结

珠江三角洲水资源配置工程输水隧洞全长 154km。其中，盾构隧洞总长 124km，占比超过 80%，沿线地形、地质和环境条件复杂，压力输水盾构隧洞方案是整个工程的技术可行性和经济合理性的关键，对工程安全、质量、工期和投资起控制性作用。为优化衬砌结构设计，在保障工程安全的前提下，工程部分线路拟采用钢内衬联合承载结构，从而降低工程造价，达到技术先进性和经济合理性的统一。

然而，多层钢管衬砌结构以及"围岩-衬砌结构"体系损伤变形行为和联合承载机理非常复杂，鲜见相关研究成果，工程界对其复杂的传力机理尤缺乏充分的认识，尚未推广应用于工程实践，亟待开展专门研究，为钢内衬联合承载结构的设计理论、施工工艺提供宝贵技术参考与借鉴。

参考文献

[1] 广东省水利电力勘测设计研究院. 珠江三角洲水资源配置工程初步设计报告 [R]. 广州：广东省水利电力勘测设计研究院，2018.

[2] Blindheim O T，Grov E，Nilsen B. Nordic sub sea tunnel projects [J]. Tunnelling and Underground Space Technology Incorporating Trenchless Technology Research，2014，20(6)：570-580.

[3] 祝瑞祥，庞进武. 埃及穿苏伊士运河输水隧洞工程 [J]. 南水北调与水利科技，2003(6)：44-46.

[4] Franzen T，Celestino T. Lining of tunnels underground water pressure [C]. AITES-ITA World Tunnel Congress，Sydney，2002，481-487.

[5] Guglielmetti V，Grasso P，Mahtab A，et al. Mechanized Tunnelling in Urban Areas：Design Methodology and Construction Control [M]. London：Taylor & Francis Group，2008，125-152.

[6] Koyama Y. Present status and technology of shield tunneling method in Japan [J]. Tunnelling and Underground Space Technology Incorporating Trenchless Technology Research，2003，18(2)：145-159.

[7] International Tunnelling Association. Guidelines for the design of shield tunnel lining [J]. Tunnelling and Underground Space Technology Incorporating Trenchless Technology Research，2000，15(3)：303-331.

[8] 闫治国，彭益成，丁文其，等. 青草沙水源地原水工程输水隧道单层衬砌管片接头荷载试验研究 [J]. 岩土工程学报，2011，33(9)：1385-1390.

[9] 官林星. 穿越赣江盾构法输水隧道的设计 [J]. 隧道建设，2013，33(7)：579-585.

[10] 佘成学，张龙. 管片衬砌承担高内水压力的可行性分析 [J]. 岩石力学与工程学报，2008，27(7)：1442-1447.

[11] 章青，卓家寿. 盾构式输水隧洞的计算模型及其工程应用 [J]. 水利学报，1999(2)：19-22.

[12] 张弢，王东黎，王雷. 盾构管片钢筋混凝土内衬大型输水隧洞结构研究 [J]. 水利水电技术，2009，40(7)：62-65.

[13] Yang F，Cao S R，Qin G. Mechanical behavior of two kinds of prestressed composite linings：A case study of the Yellow River Crossing Tunnel in China [J]. Tunnelling and Underground Space Technology，2018，79：96-109.

[14] 王志国，顾小兵，程子悦，等. 西江引水工程盾构输水隧洞设计 [J]. 水利水电工程设计，2016，35(1)：1-3.

[15] Munfah N A，Michael P，Della Pos. Full scale testing of tunnel liner [C]. Towards New Worlds in Tunneling，Rotterdam，1992；315-320.

[16] Takamatsu N，Mmrakami H，Koizumi A. A study on the bending behaviour in the longitudinal direction of shield tunnels with secondary linings [C]. Proceedings of the International Congress：Towards New Worlds in Tunnelling，Acapulco；1993；452-459.

[17] Ahmadi M H，Mortazavi A，Davarpanah M，et al. A Numerical Investigation of Segmental Lining Joints Interactions in Tunnels-Qomrud Water Conveyance Tunnel [J]. Civil Engineering Journal，

2016，2(7)：334-347.

[18] 梁敏飞，张哲，李策，等．盾构隧道双层衬砌结三维力学分析模型及验证 [J]．岩土工程学报，2019，41(5)：892-899.

[19] 晏启祥，程曦，何川，等．水压条件下盾构隧道双层衬砌力学特性分析 [J]．铁道工程学报，2010，27(9)：55-59.

[20] 张厚美，过迟，吕国梁．盾构压力隧洞双层衬砌的力学模型研究 [J]．水利学报，2001，32(4)：28-33.

[21] 张厚美，连烈坤，过迟．盾构隧洞双层衬砌接头相互作用模型 [J]．岩石力学与工程学报，2003(1)：70-74.

[22] 何川，郭瑞，肖明清，等．铁路盾构隧道单、双层衬砌纵向力学性能的模型试验研究 [J]．中国铁道科学，2013，34(3)：40-46.

[23] 阳军生，肖小文，张聪，等．盾构隧道双层衬砌结构受力现场监测试验研究 [J]．铁道工程学报，2016，33(7)：46-53.

[24] Yang F, Cao S R, Qin G. Mechanical behavior of two kinds of prestressed composite linings：A case study of the Yellow River Crossing Tunnel in China [J]．Tunnelling and Underground Space Technology，2018，79(7)：96-109.

[25] 孙钧，杨钊，王勇．输水盾构隧洞复合衬砌结构设计计算研究 [J]．地下工程与隧道，2011(1)：1-8.

[26] 苏凯，伍鹤皋，周创兵．内水压力下水工隧洞衬砌与围岩承载特性研究 [J]．岩土力学，2010，31(8)：2407-2412＋2452.

[27] 杨光华，李志云，徐传堡，等．盾构隧洞复合衬砌的荷载结构共同作用模型 [J]．水力发电学报，2018，37(10)：20-30.

[28] 李敏，朱银邦，付云升，等．盾构输水隧洞双层复合衬砌的联合受力分析 [J]．中国水利水电科学研究院学报，2014，12(1)：109-112.

第2章 结构界面材料及其性能研究

为了实现三层衬砌结构的联合承载状态，需要在钢管和管片之间浇筑高性能混凝土材料，使外衬管片与内衬钢管相结合，形成联合受力的衬砌结构，以提高衬砌结构的整体承载性能。高性能混凝土材料用以填充外衬管片与内衬钢管之间的空隙，外侧承受管片传递的外部水土压力，内侧承受钢管传递的内部输水压力。

本章根据压力输水盾构隧洞衬砌结构形式、施工环境、荷载条件和服役环境等方面的特征，确定采用自密实混凝土作为管片与钢管之间的填充材料，提出材料使用性能需求，并基于现有规范提炼材料在工作性能、收缩性能等方面需满足的量化指标，针对高性能自密实混凝土与管片和钢管的接触界面性能开展研究。

2.1 高性能混凝土材料的选取

结合输水隧洞三层衬砌的结构形式、施工环境、荷载条件和服役环境等方面的特征，管片与钢管之间的填充材料应满足如下要求：

（1）流动性好，不离析，易泵送，可填充施工不便振捣的部位；

（2）保证材料在施工长距离泵送过程中不发生性能损失；

（3）填充浇筑后固化收缩率小；

（4）固结后具有较低渗透系数；

（5）压注后能迅速获得适当的早期强度；

（6）具有良好的抗开裂性能；

（7）浇筑成型后，与外衬管片和内衬钢管之间具有良好的协调变形和受力性能。

结合上述使用要求，对现有混凝土材料进行方案比选。其中，自密实混凝土（Self-Compacting Concrete，SCC）是由东京大学的 Okamura 于 1988 年发明的一种高流动性混凝土，以解决由于技术熟练工人的减少造成的工程施工质量问题以及由此可能引发的混凝土工程耐久性问题。自密实混凝土具有较高的流动性，在不经振捣的情况下，仅依靠自重和变形能力即可穿越钢筋的阻隔，填充至模板各个部分，免去振捣工序，提高浇筑速度，保证浇筑质量，在世界范围内得到广泛应用。

采用自密实混凝土可以取得如下三项主要技术经济效果：

（1）提高混凝土工程质量

在实际工程中，经常遇到钢筋密集、结构截面比较复杂的情况，如，特种薄壁结构、高细结构、浅埋暗挖工程、隧道和地下结构等，缺乏振捣可操作空间，施工非常困难。采用传统振动密实的施工方法，有时因混凝土难以通过而不能保证工程质量，或在操作上稍有疏忽使得工程结构中的混凝土出现不应有的缺陷，从而降低了工程的耐久性或安全性。

（2）改善施工环境，减少噪声环境污染

传统的混凝土振动密实施工工艺，无论采用表面振动器、插入式振动器或附着式振动器，均会产生较强的噪声，不仅影响工程的周围环境，而且费时费工。目前，世界各国十分重视环境保护、低碳节能问题。充分利用粉煤灰、磨细矿渣等工业废料取代适量水泥、开发新型环保节能混凝土是可持续发展战略的具体要求，从而提高施工速度，限制噪声，减少人工。

（3）提高劳动生产率，降低工程费用

按照施工规程要求，传统振动密实工艺浇筑混凝土需设置一定数量的振动设备、配备技术熟练工人，并满足规定的施工工序与周期，使得劳动生产率难以提高。同时，人员劳动强度高，工作环境恶劣，且长时间手持振动器将导致"手臂振动综合征"。

综上，输水隧洞衬砌结构选用自密实混凝土作为管片与钢管之间的填充材料。

2.2 自密实混凝土技术指标

在钢内衬结构中，管片与钢管之间的空隙较小，钢管设置加劲肋后，其间最小空隙不足 20cm。同时，输水隧洞施工仍需满足混凝土长距离泵送要求，避免出现堵管、和易性变差、裂缝增加等问题。因而，亟需针对钢内衬结构特点提出具体的技术指标，为自密实混凝土材料制备提供依据。

关于自密实混凝土材料的早期强度、收缩开裂、抗渗性能等方面技术指标可参考现有《水工混凝土结构设计规范》SL 191—2008、《水工混凝土试验规程》SL 352—2020 等相关规定。鉴于钢内衬联合承载结构的复杂性，需针对材料的工作性能、长距离泵送性能开展专门的研究，并提出满足工程需求的技术指标。

2.2.1 工作性能

自 20 世纪 90 年代起，中国、日本、美国和欧洲等国家和地区制定了针对自密实混凝土的各种规范和应用指南，如表 2-1 所列。其中，欧洲、日本和中国的自密实混凝土技术指标列于表 2-2、表 2-3 和表 2-4。

根据工程特点，结合上述国内外相关的技术指标，提炼得到适用于本工程要求的自密实混凝土工作性能指标，见表 2-5，试验检测方法应符合《普通混凝土拌合物性能试验方法标准》GB/T 50080—2016 的有关规定。

自密实混凝土的规范和应用指南　　　　　　　　　　　表 2-1

标准名称	编制时间	发布机构
CNS 14840 A3398 自充填混凝土障碍通过性试验法（U 形或箱形法）	1993	中国台湾地方标准
CNS 14841 A3399 自充填混凝土流下性试验法（漏斗法）	1993	中国台湾地方标准

标准名称	编制时间	发布机构
CNS 14842 A3400 高流动性混凝土坍流度试验法	1993	中国台湾地方标准
JSCE-D101 高流动性混凝土施工指南	1997	日本土木学会
高流动性（自密实）混凝土制造手册	1997	日本预拌混凝土联合会
Specification and Guidelines for Self-compacting Concrete	2002	EFNARC
JASS 5T-402 流动性混凝土指南	2004	日本建筑学会
CCES 02—2004 自密实混凝土设计与施工指南	2004	中国土木学会
DBJ 13—55—2004 自密实高性能混凝土技术规程	2004	中国福建省建设厅
European Self-compacting Concrete Guidelines	2005	EFNARCC、BIBM、ERMCO、EFCA、CEMBUREAU
ASTM C 1611/C 1611M-05 Standard Test Method for Slump Flow of Self-consolidating Concrete	2005	美国试验与材料协会
ASTM C 1610/C1610Ma-2006 Standard Test Method for Static Segregation of Self-consolidating Concrete Using Column Technique	2006	美国试验与材料协会
CECS 203—2006 自密实混凝土应用技术规程	2006	中国工程建设标准化协会
DBJ 04—254—2007 高流态自密实混凝土应用技术规程	2007	中国山西省建设厅
ASTM C1621/C1621M-09b Standard Test Method for Passing Ability of Self-consolidating Concrete by J-Ring	2009	美国试验与材料协会
CNS 03315 自充填混凝土	2010	中国台湾地方标准
JGJ/T 283—2012 自密实混凝土应用技术规程	2012	中国住房和城乡建设部
DBJ/T 13—150—2012 自密实混凝土加固工程结构技术规程	2012	中国福建省住房和城乡建设厅
BS EN206：2013 Concrete-Specification, performance, production and conformity	2013	英国标准学会
JGJ/T 296—2013 高抛免振捣混凝土应用技术规程	2013	中国住房和城乡建设部
NB/T 20339—2015 核电厂自密实混凝土应用技术规程	2013	中国能源局
DL/T 5720—2015 水工自密实混凝土技术规程	2015	中国能源局
Q/CR 596—2017 高速铁路 CRTS Ⅲ型板式无砟轨道自密实混凝土	2017	中国铁路总公司
DB 29—197—2017 自密实混凝土应用技术规程	2017	中国天津市住房和城乡建设委员会

欧洲自密实混凝土技术指标 表 2-2

测试指标	等级	要求
坍落扩展度(mm)	SF1	550～650
	SF2	660～750
	SF3	760～850
T_{500}(s)	VS1	≤2
	VS2	>2
V 漏斗时间(s)	VF1	≤8
	VF2	9～25
筛析率(%)	SR1	≤20
	SR2	≤15
L 形箱通过能力	PA1	≥0.8,两根钢筋
	PA2	≥0.8,三根钢筋

日本自密实混凝土技术指标 表 2-3

自密实混凝土充填性等级		1	2	3
工程条件	钢筋间距(mm)	30～60	60～200	≥200
	钢筋用量(kg/m³)	≥350	100～350	≤100
填充高度(U 形仪测试)(mm)		≥300 (R1)	≥300 (R2)	≥300 (R3)
自密实混凝土中粗骨料的绝对体积(m³/m³)		0.28～0.30	0.30～0.33	0.30～0.36
流动性(坍落扩展度)(mm)		650～750	600～700	500～650
流动速率	V 漏斗时间(s)	10～20	7～20	7～20
	T_{500}(s)	5～25	3～15	3～15

中国自密实混凝土技术指标 表 2-4

自密实混凝土充填性等级	一级	二级	三级
U 形箱试验填充高度(mm)	320 以上 (隔栅型障碍 1 型)	320 以上 (隔栅型障碍 2 型)	320 以上 (无障碍)
坍落扩展度(mm)	700±50	650±50	600±50
T_{500}(s)	5～20	3～20	3～20
V 形漏斗通过时间(s)	10～25	7～25	4～25

本工程自密实混凝土性能指标 表 2-5

	配合比设计控制指标	生产出机控制指标	浇筑前控制指标
坍落扩展度(mm)	640～700	640～700	630～700
V 形漏斗通过时间(s)	12～20	7～25	7～25

2.2.2 长距离泵送性能

由于钢内衬联合承载结构施工工艺比较复杂，施工场地工作空间较小，在填充外衬管片和内衬钢管之间的空隙时，难以保证施工车辆顺利出入，需要采用长距离泵送方式进行自密实混凝土施工。因此，有必要针对此类施工方式对自密实混凝土在长距离泵送过程中的性能开展研究，确保自密实混凝土在泵送过程中不发生强烈的性能损失，使得自密实混凝土既满足流动性和黏性要求，保证拌合物的保塑和保水性能，又满足所有泵送性能的评价指标。

相对于普通泵送混凝土，自密实泵送混凝土黏度较大。因此，泵送时需解决如下关键问题[1-4]。

（1）黏度与和易性之间的矛盾

塑性黏度是反映混凝土黏滞性的物理量，代表运动流体平行流动时不同流速流层间的摩擦阻力。泵送自密实混凝土由于胶凝材料用量较大，使得黏度系数提高，但泵送施工却要求混凝土应具有较小的黏滞性。和易性过好，混凝土将出现离析现象；和易性较差，混凝土与泵管之间的摩擦力过大，增大压力损失。因而，新拌混凝土黏度与和易性的平衡是制约泵送自密实混凝土的首要问题，如何使混凝土具有合适的黏度与和易性是混凝土设计与配制的关键。

（2）扩展度和黏度经时损失的问题

水泥粒子物理凝聚形成三维网状结构，混凝土保塑剂吸附于水泥颗粒表面上或早期水化产物上。水泥粒子分散，释放出游离水。随着时间的推移，水泥继续水化反应，游离水挥发，且吸附在水泥颗粒上的保塑剂与水化反应的产物结合，失去其保塑的作用，降低混凝土的扩展度和黏度。

泵送混凝土由于掺入减水剂和保塑剂，加之浇筑工程量大，泵送高度大，泵送距离长，混凝土扩展度和黏度损失显著，对混凝土的泵送性能影响更大，严重制约工程质量和施工进度。

（3）高流动性自密实混凝土的力学保证问题

除了保证自密实混凝土的泵送性能，还需确保自密实混凝土强度。如何解决自密实混凝土高流动性状态下具有高强度，亦是泵送混凝土工程的关键问题。

对于自密实混凝土，其泵送性能主要包括以下四方面[5-11]：

① 流动性：新拌混凝土具有足够的流动能力，不需振捣，仅靠自重填充模具。

② 稳定性：新拌混凝土不泌水，骨料与浆体之间不产生离析。

③ 保水性：在泵机压力下，混凝土中水分会流失，使混凝土浆体流动性降低，混凝土在压力下会变得密实，引起摩擦阻力加大，超过泵送压力，引起堵管。

④ 保塑性：随着泵送距离和泵送时间的增加，混凝土扩展度经时损失会增大，混凝土流动性减低，黏度增大，引起摩擦阻力加大，导致堵管。

综合上述四种工作性能，采用扩展度试验、V形漏斗试验、L形箱试验以及混凝土保塑试验，共同评价自密实混凝土的泵送性能。

（1）坍落扩展度

在自密实混凝土坍落扩展度试验（图 2-1）中，扩展面积越接近圆形代表自密实混凝土拌合物均匀变形能力越好，直径大则表明拌合物间隙通过能力强，通过流动时间衡量拌合物黏度系数和屈服剪切应力。根据扩展度展开后的混凝土是否均匀、边缘是否有大量浆体、中间是否有骨料堆积评价混凝土的均质性。

（2）V 形漏斗试验

如图 2-2 所示，V 形漏斗试验用以评价混凝土的流动性、黏稠性和抗离析能力，对自密实混凝土的塑性黏度具有重要的指导意义。若 V 形漏斗发生堵塞或时间过快、过慢，表明混凝土离析或黏聚性较差。

图 2-1　自密实混凝土坍落扩展度测试　　　　　图 2-2　V 形漏斗试验

（3）L 形箱流动试验

L 形箱流动试验适用于评价自密实混凝土的流动性、钢筋穿透能力。如图 2-3 所示，平置 L 形箱，关闭活动板，向竖直箱体中倒入自密实混凝土，倒满后拉开活动钢板，混凝土穿越底部钢筋流入水平箱体中，待静止不动时，测量水平和竖直箱的混凝土高度。水平箱端拌合物的高度 h_2 和竖直箱端拌合物高度 h_1，用 h_2/h_1 评价混凝土拌合物的流动能力和通过间隙能力。比值越接近 1，流动能力和通过间隙能力越好，从而衡量自密实混凝土拌合物的塑性黏度系数和屈服剪切应力。

（4）压力泌水试验

混凝土压力泌水仪如图 2-4 所示。混凝土在泵送过程中承受泵机压力，自由水和游离水在压力作用下脱离自密实混凝土，导致混凝土流动性变差，最终造成堵管。本试验可有效检测混凝土的保水性能及压力下的泌水情况。压力泌水试验通过对拌合物施加 3.0MPa 的压力，恒压下测得 10s 内的出水量 V_{10} 和 140s 内的出水量 V_{140}，二者之比即为压力泌水率。对于泵送混凝土，压力泌水率需确保最佳范围；否则，泵压将明显增大、波动甚至造成阻泵。

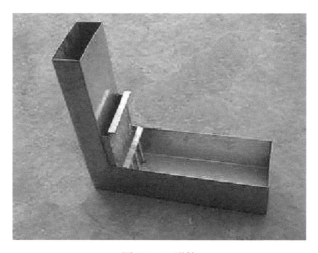

图 2-3　L 形箱

图 2-4　压力泌水仪

（5）扩展度经时损失试验

通过此试验解决扩展度和黏度经时损失过大的问题，混凝土拌合物的流动性能随时间的增长而变差。即便是自密实性能很好的混凝土，经历较长时间后，其自密实性能亦将受到影响。测量 0.5h、1.5h 之后的混凝土扩展度与初始扩展度，经时扩展度和初始扩展度的差值越大，说明混凝土的保塑性能越差，泵送性能越差，越易发生堵管现象。

综合以往研究成果[12-14]，考虑到长距离隧洞施工特点，当自密实混凝土工作性能满足表 2-6 中的指标，其泵送性能即为合格。

自密实混凝土泵送性能指标　　　　　　　　　　　　　　表 2-6

坍落扩展度（mm）	V 形漏斗通过时间（s）	1h 坍落扩展度损失（mm）
≥640	7～25	≤50

注：泵送性能要求的坍落扩展度及 V 形漏斗通过时间指标指浇筑前的控制指标，1h 坍落扩展度损失指浇筑过程中 1h 内扩展度损失小于 50mm。

2.3 往复荷载作用下钢-自密实混凝土界面力学性能

本节从微观受力机理出发,设计6组钢-混凝土组合梁构件,开展剪力连接件在复合受力状态下受弯性能试验,针对钢-自密实混凝土界面力学性能进行研究,为优化工程设计及施工工艺提供技术支撑。

2.3.1 试验构件

为了更好地研究组合构件的受力情况与界面破坏特点,专门设计一系列钢-自密实混凝土组合梁构件,对其施加两点对称荷载,结构在承受荷载时,栓钉和加劲肋会受到拉力和剪力的复合作用并发生拉伸和弯曲的耦合变形,通过试验研究组合构件截面的应变状态、刚度的变化、混凝土板中裂缝的分布和发展情况。

其中,钢板、肋板采用Q345C钢材,弹性模量为201.5GPa,屈服强度为337.16MPa。钢筋型号为HPB300,直径为8mm,弹性模量为210GPa,泊松比为0.3。钢材表面无明显锈蚀,无油脂等附着物。采用C30自密实混凝土,粗骨料为普通碎石,按2.2节技术指标,基于净浆流变性方法进行自密实混凝土配合比设计,自密实混凝土配合比和性能参数详见表2-7、表2-8。

自密实混凝土配合比   表2-7

强度等级	水灰比(质量比)	减水剂(kg/m³)	水泥(kg/m³)	水(kg/m³)	砂(kg/m³)	石(kg/m³)	SF(mm)	VF(s)
C30	0.55	3.61	368.90	201.11	786.00	801.72	650	15.0

自密实混凝土力学性能   表2-8

龄期(d)	极限承载力(kN)	抗压强度(MPa)
7	640.70	28.48
14	798.49	35.49
28	825.39	36.68

根据不同的剪力连接件布置形式设计6组钢-自密实混凝土组合构件,见表2-9。试件模型如图2-5所示。

对钢梁构件尺寸、焊缝表面、焊钉根部等按规范要求进行质量验收,合格后进行模板架设与自密实混凝土浇筑,如图2-6所示。当混凝土浇筑至模板上表面时,抹平并压实混凝土表面。试件浇筑完成后,表面铺设毡布和塑料薄膜以减少水分蒸发,每天洒水两次,保持毡布湿润,达到28d龄期后拆模。

2.3.2 加载和测量方案

采用MTS加载系统进行竖向的往复加卸载,采用前法兰连接方式,安装于横梁内部,

钢-自密实混凝土组合构件 表 2-9

编号	构件尺寸	连接形式	备注
SP1		栓钉-纵肋	栓钉（400mm×350mm） 钢肋板（顺梁中间布设 1 处）
SP2		稀疏栓钉-纵肋	栓钉（600mm×525mm） 钢肋板（顺梁中间布设 1 处）
SP3	长 3000mm 宽 800mm 高 314mm	钢筋网-纵肋	钢筋网（$\phi 8$, 200mm×200mm） 钢肋板（顺梁中间布设 1 处）
SP4		横肋-纵肋	钢肋板（顺梁中间布设 1 处） 横向钢肋板（间距 100cm）
SP5		单纵肋	钢肋板（顺梁中间布设 1 处）
SP6		双纵肋	钢肋板（顺梁 1/3 布设 2 处）

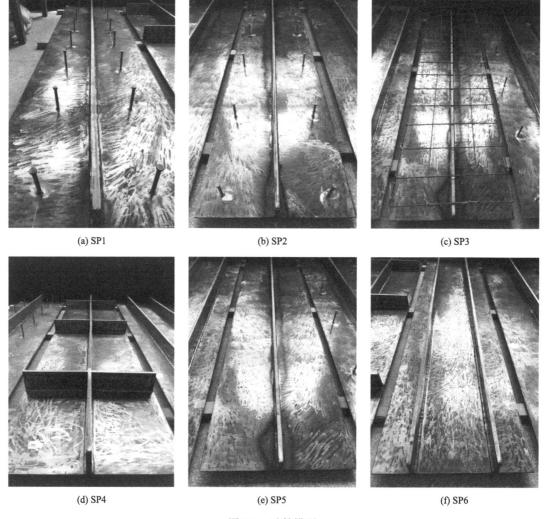

(a) SP1　　　　　(b) SP2　　　　　(c) SP3

(d) SP4　　　　　(e) SP5　　　　　(f) SP6

图 2-5　试件模型

图 2-6 混凝土浇筑

油压传感器测力，内置磁致伸缩位移传感器，前端连接导向机构。主要技术指标如下：

(1) 加载框架净空尺寸：长×宽×高=2.0m×1.2m×3.0m；

(2) 垂直加载作动器：最大推力 500t，最大拉力 250t；

(3) 试验力测量范围：2%～100%；

(4) 试验力精准度：±1%范围；

(5) 作动器最大行程：500mm；

(6) 位移测量分辨率：0.01mm；

(7) 活塞最大位移速度：大于 50mm/min；

(8) 加载控制方式：位移、试验力任意步长。

在试验过程中，为了符合实际约束边界条件，将构件两端放置于基座上，其中，一端为铰接，另一端为滚动支座。构件受压处通过分配梁对简支钢-混凝土组合梁施加两点对称荷载，实际加载情况如图 2-7 所示。同时，确保构件整体与加载装置对中，以免在加卸载时产生偏心，出现较大误差。

加载采用分级加载方法。按 10kN、20kN、30kN 和 40kN 进行分步预加载，记录每级荷载的位移计和应变片数据，并绘制荷载-挠度曲线，根据梁跨中 3 个位移计数据，判断加载是否偏心。同时，检查各应变片读数，确认位移计和应变片数据无误，再卸载至零。

完成预加载后，确认构件放置无误、加载系统运行正常，再开始正式加载。混凝土开裂前，荷载控制等级为 20kN；混凝土开裂后，荷载控制等级为 50kN。加载方法采用 0～50kN、0～100kN、0～150kN、0～200kN、0～250kN、0～300kN、0～350kN 的往复加载方式，每个阶段循环加载 5 次后荷载增加至下一阶段循环，直至试件破坏。构件破坏条件定义为：

(1) 混凝土梁出现明显的压碎断裂；

(2) 荷载-位移曲线出现显著下降段或水平段。

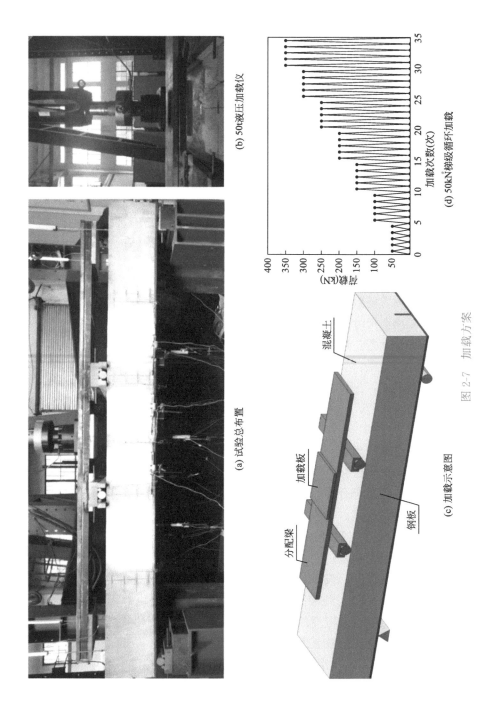

(a) 试验总布置

(b) 50t液压加载仪

(c) 加载示意图

(d) 50kN梯级循环加载

图 2-7　加载方案

监测仪器布置如图 2-8 所示。在梁侧面沿轴线方向从上到下布置 4 个应变片，沿长度方向布置 5 列，如图 2-8（a）所示。在梁底部钢板上布置 3 列应变片，于跨中、两端处每列布置 3 个，如图 2-8（b）所示。位移计布置于梁跨中底部和两端，如图 2-8（c）所示，测量范围为 0~50mm，最大测量精度为 0.01mm。该仪器可测量桩身的绝对位移和相对位移。在梁侧面跨中位置和两侧轴线处设置 3 个横向滑移计，用以测量混凝土与钢板之间的横向位移。

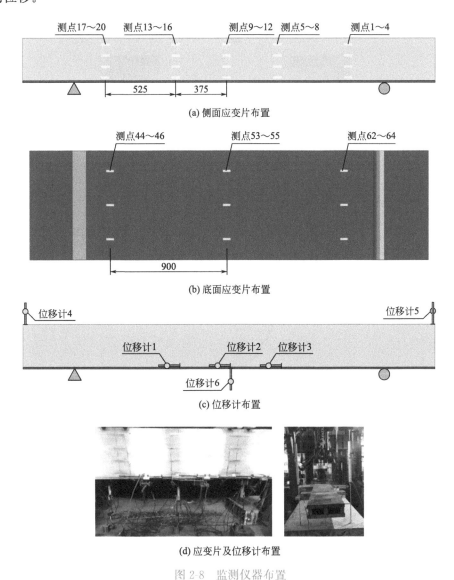

(a) 侧面应变片布置

(b) 底面应变片布置

(c) 位移计布置

(d) 应变片及位移计布置

图 2-8 监测仪器布置

2.3.3 试验结果与分析

1. 破坏形态

在荷载作用下，梁构件产生向下的位移，于跨中处位移最大。在前期加载过程中，钢板与混凝土的相互作用主要产生于摩擦力与粘结力。当荷载进一步加载至中后期，大部分荷载通过剪力连接件传递到钢板上，此时抗剪连接件起主要作用，在抗剪连接件处更易出现应力集中，荷载增加导致在应力集中部位首先出现裂缝，使混凝土破坏。6组不同连接形式剪力梁构件的裂缝扩展形态和承载力测试结果见图 2-9 和表 2-10。

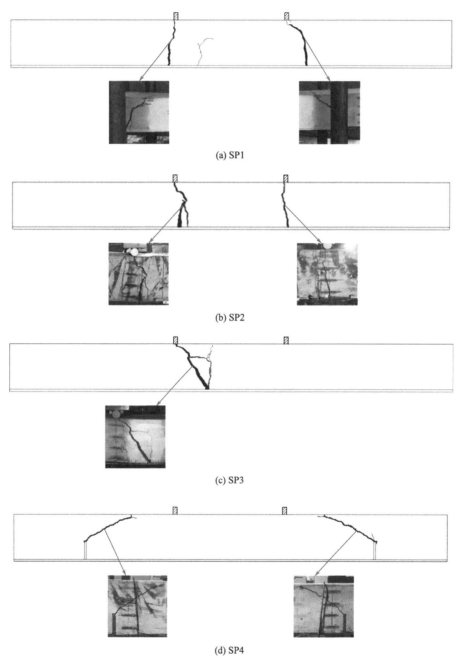

(a) SP1

(b) SP2

(c) SP3

(d) SP4

图 2-9　试件主要裂缝扩展形态（一）

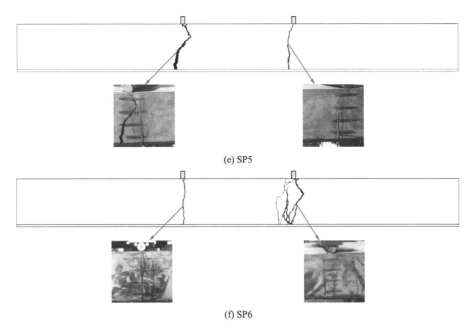

(e) SP5

(f) SP6

图 2-9　试件主要裂缝扩展形态（二）

承载力测试结果　　　　　　　　　　　　　　表 2-10

编号	极限荷载(kN)	极限挠度(mm)	开裂荷载(kN)	开裂时挠度(mm)
SP1	310.7	5.233	253.3	2.532
SP2	305.6	6.632	241.7	2.322
SP3	292.5	5.685	179.9	2.217
SP4	308.5	6.743	205.9	2.469
SP5	256.2	5.406	180.5	1.932
SP6	299.1	4.914	250.0	3.274

　　SP1、SP2 和 SP5 的裂缝分布形态基本一致，裂缝贯穿形态较其他构件更为规则，皆于受压处发生整体贯穿。SP1 与 SP2 相对 SP5 增加了栓钉连接件，构件极限承载力显著提高。SP3 采用钢筋连接件，钢筋与混凝土共同承受压力，虽然可提高构件极限承载力，但钢筋与纵肋焊接处易产生应力集中，产生裂缝，最后发生贯穿破坏。SP4 破坏形态与其他构件截然不同，由于采用横肋连接，随着荷载不断增加，构件挠度增大，横肋对混凝土挤压效应增强，横肋处的应力集中显著增大，产生裂缝。

2. 荷载-位移曲线

　　图 2-10 为 6 组构件在加载过程中荷载与跨中挠度曲线，反映构件在不同阶段的承载与变

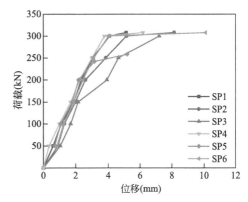

图 2-10　荷载-跨中挠度曲线

形情况。可见，不同剪力连接构件在相同荷载施加条件下，构件呈现不同的极限承载值，即，剪力连接形式对钢-自密实混凝土组合构件承载与变形能力影响较大。

6 组构件中，SP5 极限承载力最低（256.2kN），钢板增加横肋（SP4）或焊接栓钉（SP1）后，构件极限承载力显著提高，最大极限承载力达 310.7kN，相较于 SP5，极限承载能力可提高约 24%。

此外，SP5 在 200kN 时已由弹性阶段进入塑性阶段，挠度变大，构件破坏。SP1、SP4 和 SP6 在 290kN 之前为弹性阶段，挠度随荷载呈线性增加；进入弹塑性阶段后，随荷载的不断增加，构件进入塑性阶段，直至破坏。SP2、SP3 极限承载力高，但在 200kN 时由弹性阶段进入弹塑性阶段，挠度变化显著。可见，SP1 和 SP4 在横向荷载作用下的变形性能亦得到明显改善。

3. 滑移曲线

6 组构件滑移曲线如图 2-11 所示，在加载初期，钢板与混凝土的相互作用主要源于摩擦力与粘结力，滑移曲线基本呈线性关系；当荷载逐渐增大后，抗剪连接件起主要作用，滑移速度明显增大。其中，SP3 和 SP6 对混凝土横向位移约束效应最差。SP1、SP4 和 SP5 呈现出色的性能，在整个加载过程中，混凝土滑移量变化幅度较小，其中 SP1 和 SP5 波动最小。

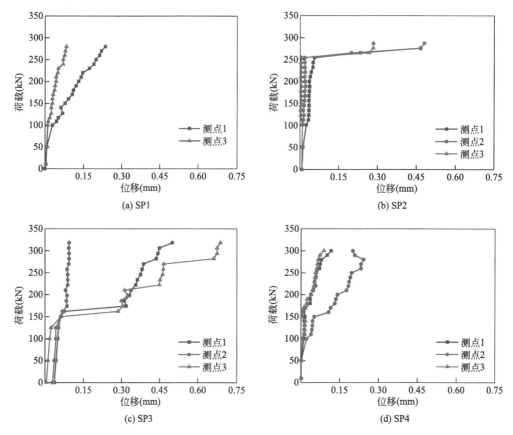

图 2-11　不同试件滑移曲线（一）

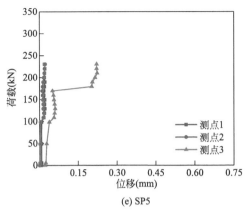

(e) SP5

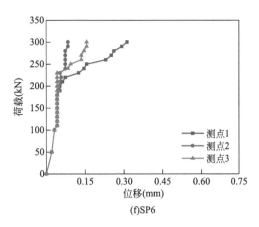

(f)SP6

图 2-11 不同试件滑移曲线（二）

4. 循环荷载-位移曲线

为了进一步研究在循环过程中，加压、卸力过程对构件的影响，获取 6 组构件位移和循环次数的关系曲线，如图 2-12 所示。SP1 和 SP4 受荷载循环次数影响最小，在往复荷载施加过程中，SP1 和 SP4 的挠度呈现线性增加的状态，直至构件破坏。SP5 受循环次数影响最大，在第 20 次循环加载时，SP5 的挠度发生突变，随后迅速破坏。而 SP3 在循环加压的过程中，稳定性最弱，在第 15 次循环时的挠度已明显变大。由此可知，在隧洞工程应用中，SP1 和 SP4 界面连接形式受充水与放水的影响最小。

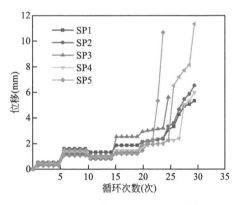

图 2-12 位移-循环次数关系曲线

5. 荷载-应变曲线

构件跨中处的荷载-应变曲线如图 2-13 所示。SP1、SP2 和 SP5 应变未出现突变，说

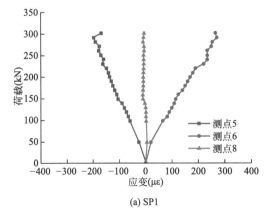

(a) SP1

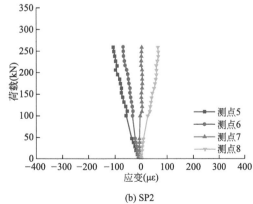

(b) SP2

图 2-13 荷载-应变曲线（一）

注：SP1 测点 7 处应变片损坏

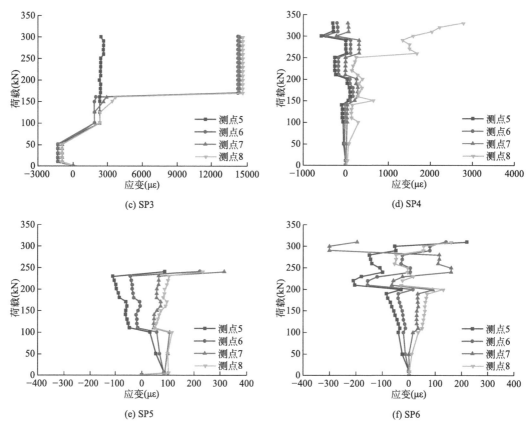

图 2-13　荷载-应变曲线（二）

注：SP1 测点 7 处应变片损坏

明自密实混凝土与钢板协同受力性能较好。其中，SP1、SP2 并未出现应变突然增大的情形，而是表现为先弹性而后弹塑性变化的特点。SP3、SP5 和 SP6 随着荷载增加，出现部分测点应变突然增大，试件局部的裂缝导致连接件的破坏，钢板受力突然加大。

SP1、SP4 和 SP5 跨中底部钢板的荷载-应变曲线如图 2-14 所示。试验结果表明，SP1 协同受力性能最佳，荷载-应变曲线呈线性增长，整个构件在 290kN 前处于弹性阶段。

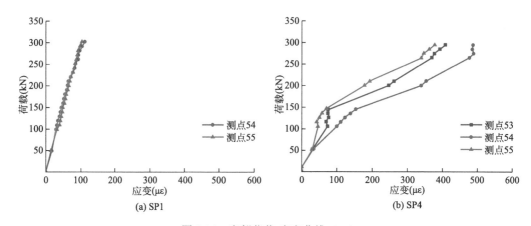

图 2-14　底部荷载-应变曲线（一）

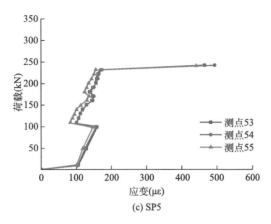

(c) SP5

图 2-14　底部荷载-应变曲线（二）

SP4 相对于 SP1 效果略差，构件整体过早进入弹塑性阶段。而 SP5 协同受力性能相对较差，混凝土开裂后，传递至钢板的力增大，纵肋对自密实混凝土约束效应较差。

2.4　自密实混凝土与管片界面粘结性能

现浇自密实混凝土和预制管片之间存在大面积的新老混凝土界面，易成为衬砌结构的薄弱环节，需采取相应措施以提高结构联合承载能力。目前，常用界面处理方法包括界面粗糙处理和涂抹界面剂两类[15]。前者需要对管片表面进行凿毛处理，造成管片损伤，影响其力学性能；同时，凿毛工作量大、作业空间狭窄、施工工艺复杂、耗用周期长，成本造价高。因而，宜采用后者改善界面粘结性能。针对水性无机渗透结晶型防水佳固土材料和水性环氧乳液两类界面剂，开展一系列劈拉和抗剪试验，探究界面剂对界面性能的影响。

2.4.1　试件制作

如图 2-15 所示，开展两类界面试验：

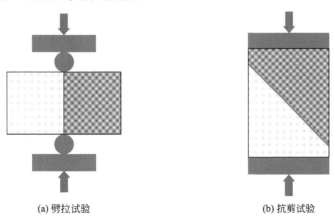

(a) 劈拉试验　　　　　　　　　　(b) 抗剪试验

图 2-15　试验示意图

（1）劈拉试验：试件尺寸为 150mm×150mm×150mm；

（2）抗剪试验：试件尺寸为 150mm×150mm×300mm。按照《混凝土力学性能试验方法》GB/T 50081—2016[16]中的要求制作和养护试件。

其中，新、旧混凝土配合比分别按照实际工程采用的自密实混凝土及管片混凝土制备。按照界面处理方式，将试件分为 10 组，每组 3 个试件；其中，取整体浇筑试件作为对照组，试件基本参数如表 2-11 所列。

试件基本参数   表 2-11

试件编号	试验方法	界面处理方式	试件尺寸(mm)	试件个数
N1	劈拉试验	自然粘结界面(无处理)	150×150×150	3
N2		低浓度佳固士		
N3		高浓度佳固士		
N4		环氧乳液		
N5		整体浇筑(无界面)		
S1	抗剪试验	自然粘结界面(无处理)	150×150×300	
S2		低浓度佳固士		
S3		高浓度佳固士		
S4		环氧乳液		
S5		整体浇筑(无界面)		

制作界面劈拉强度试件采用 150mm×150mm×150mm 试模，预先用马克笔标注试模内混凝土界面位置，先浇筑 150mm×150mm×75mm 试件，在标准养护条件下养护 7d 以模拟衬砌管片混凝土；3d 后取出试件，利用净水冲洗并用带钢刷的角磨机清洗表面，擦净混凝土表面浮浆及油污，湿润基面，使界面呈饱和面干状态；在保证气温高于 5℃且低于 40℃的环境下，开启并于喷壶中配制佳固士材料。待界面表层无明水时，喷涂第 1 遍材料，用量为 150mL/m²；当材料被吸收后（20～30min）洒水，使材料进一步渗透；待水被吸收后（20～30min）喷涂第 2 遍材料，用量为 150mL/m²；待材料被二次吸收，界面无明水时（30～40min），浇筑剩余部分。

制作界面抗剪强度试件需预制 45°托模（图 2-16），试模尺寸为 150mm×150mm×300mm，与水平线呈 45°倾斜，在两边采用重物固定模具，避免在浇筑过程中发生错位，用马克笔标注试模内混凝土界面位置。先浇筑相应界面位置的一半试件，在标准养护条件下养护 7d 以模拟衬砌管片混凝土，用净水冲洗并用带钢刷的角磨机清洗表面，其余步骤与劈拉试件浇筑方法一致。

2.4.2 加载方案

将粘结试块放置于标准养护条件下养护 28d 后再进行试验，测定其粘结强度。根据《普通混凝土力学性能试验方法标准》GB/T 50081—2016[16]中的相关规程，按照下列步骤开展试验：

（1）到达养护龄期时，取出试件，将试块擦拭干净；

图 2-16 抗剪试件倾斜托模

（2）将试件放于压力试验机下压板的中心位置，如图 2-17 所示，上压板与试件之间设置 5mm×5mm×200mm 的钢制垫条，其方向与试件成型时的顶面垂直；当上压板与试件接近时，调整球座平衡。

(a) 劈拉   (b) 抗剪

图 2-17 加载试验

（3）以 0.04～0.06MPa/s 的速度连续而均匀地加载。当试件接近破坏时，停止调整油门，直至试件破坏，记录破坏时的荷载。

（4）粘结劈拉强度按照下式[16]计算，精确至 0.01MPa。

$$f_{\text{ft}} = \frac{2F}{\pi A} = 0.6366 \frac{F}{A} \tag{2-1}$$

式中 f_{ft}——混凝土劈拉抗拉强度（MPa）；

      F——试件破坏极限荷载（N）；

      A——试件劈拉面面积（mm²）。

（5）抗剪试验强度按照下式[16]计算，精确至 0.01MPa。

$$f_{\text{st}} = \sin 45° \cdot \cos 45° \frac{P}{A} \tag{2-2}$$

式中　f_{st}——混凝土粘结斜剪强度（MPa）；

　　　P——试件破坏极限荷载（N）；

　　　A——试件承载面积（mm^2）。

2.4.3　试验结果与分析

1. 劈拉试验

无界面剂试件的界面粘结仅依靠少量浮浆发挥，涂抹佳固士界面剂的试件于混凝土界面表面附着不同形态的白色物体，涂抹环氧乳液的试件于混凝土界面附着环氧乳液凝固后的物体，而整体浇筑的试件则在破坏界面可清晰地看到骨料分布，如图2-18所示。

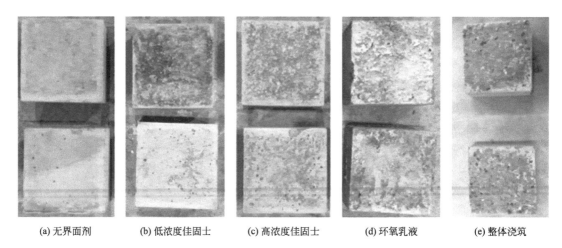

(a) 无界面剂　　　(b) 低浓度佳固士　　　(c) 高浓度佳固士　　　(d) 环氧乳液　　　(e) 整体浇筑

图2-18　不同界面剂劈拉试验破坏界面

由表2-12及图2-19数据可知，在剔除异常数据后，无界面剂试件劈拉强度平均值为1.59MPa，涂抹低浓度佳固士界面剂（1.10g/cm^3）试件劈拉强度平均值为1.82MPa，涂抹高浓度佳固士界面剂（1.20g/cm^3）试件劈拉强度平均值为1.99MPa，涂抹环氧乳液界面剂试件劈拉强度平均值为1.74MPa，整体浇筑试件劈拉强度平均值为2.98MPa。

劈拉强度　　　　　　　　　　　　　　　表2-12

试件编号	界面处理方式	强度值（MPa）			平均值（MPa）
N1	自然粘结界面(无处理)	1.52	1.93	1.65	1.59(剔除1.93)
N2	低浓度佳固士	1.89	1.63	1.93	1.82
N3	高浓度佳固士	2.28	1.72	1.97	1.99
N4	环氧乳液	1.85	1.66	1.71	1.74
N5	整体浇筑(无界面)	2.82	3.12	3.02	2.98

取整体浇筑试件劈拉强度均值作为参考，自然粘结界面、低浓度佳固士界面、高浓度佳固士界面和环氧乳液界面的平均劈拉强度值分别为整体浇筑试件粘结强度的53.36%、61.07%、66.78%和58.39%。可见，环氧乳液界面剂仅较无界面剂的劈拉强度提升了5.03%，而佳固士界面剂较无界面剂的劈拉强度提升了7.71%与13.42%；环氧乳液对混

凝土界面劈拉强度提升效果有限，而佳固士则起到较好的作用。

2. 抗剪试验

无界面剂试件沿 45°界面发生滑移破坏，如图 2-20（a）所示，两部分混凝土基本完整，试件轴心受压中轴线附近未出现剪切裂缝；涂抹佳固士界面剂试件在轴心受压中轴线附近产生剪切裂缝，最终发生破坏，如图 2-20（b）、（c）所示。高浓度较低浓度佳固士处理的粘结界面更加完整，环氧乳液处理的粘结界面完整性则

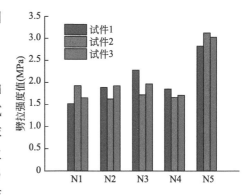

图 2-19　不同界面剂下界面劈拉强度对比

介于无界面剂与低浓度佳固士之间，即，佳固士在混凝土之间的粘结作用显著，一定程度上改变了内部传力途径。涂抹环氧乳液界面剂试件沿 45°界面发生开裂，如图 2-20（d）所示，并于轴心受压中轴线处出现剪切裂缝；整体浇筑试件则沿轴心受压中轴线出现裂缝，贯穿混凝土试件，最终达到极限荷载后破坏，如图 2-20（e）所示。

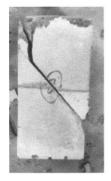    

(a) 无界面剂　　　(b) 低浓度佳固士　　　(c) 高浓度佳固士　　　(d) 环氧乳液　　　(e) 整体浇筑

图 2-20　不同界面剂抗剪试验的试件破坏形态

由表 2-13 及图 2-21 数据可知，无界面剂试件抗剪强度平均值为 11.56MPa，涂抹低浓度佳固士界面剂（1.10g/cm³）试件抗剪强度平均值为 14.68MPa，涂抹高浓度佳固士界面剂（1.20g/cm³）试件抗剪强度平均值为 15.97MPa，涂抹环氧乳液界面剂试件抗剪强度平均值为 13.32MPa。

抗剪强度　　　　　　　　　　　　　　　　表 2-13

试件编号	界面处理方式	强度值(MPa)			平均值(MPa)
S1	自然粘结界面(无处理)	10.77	12.25	11.67	11.56
S2	低浓度佳固士	15.20	14.00	14.83	14.68
S3	高浓度佳固士	15.24	15.58	17.09	15.97
S4	环氧乳液	13.88	12.79	13.30	13.32
S5	整体浇筑(无界面)	28.67	30.44	28.73	29.28

取整体浇筑试件抗剪强度均值作为参考，自然粘结界面、低浓度佳固士界面、高浓度佳固士界面、环氧乳液界面的平均抗剪强度值分别为整体浇筑试件粘结强度的 39.48％、50.14％、54.54％、45.50％。可见，环氧乳液界面剂仅较无界面剂的抗剪强度提升了6.02％，而两种浓度佳固士界面剂较无界面剂的抗剪强度分别提升了 10.66％与 15.06％；环氧乳液对混凝土界面抗剪强度提升效果有限，而佳固士则起到较好的作用。

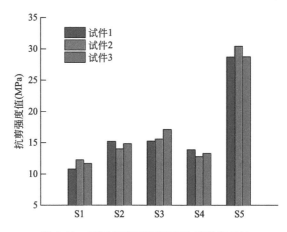

图 2-21　不同界面剂下界面抗剪强度对比

3. 界面剂粘结机理分析

环氧乳液是由水性环氧剂、固化剂与水混合而成，作用于混凝土表面时，随着水分的蒸发，水性环氧剂与固化剂拌合形成的水性环氧颗粒逐渐紧密；随着水分进一步蒸发，界面剂初步固化；当水分完全蒸发后，水性环氧剂与固化剂之间的反应已基本完成。佳固士涂抹于混凝土表面时，可渗入其中并与一定深度下的混凝土发生化学反应，生成更多的浆体以填充混凝土表面缝隙，如图 2-22 所示。

不难发现，环氧乳液需在界面水分完全蒸发时才能完全发挥粘结作用，佳固士则是促进界面产生更多的胶凝材料增强粘结效果。针对两种不同龄期的混凝土，材料收缩率不同，在界面进行粘结的过程中，环氧乳液需要较多时间才能发挥作用，界面间隙亦将随混凝土收缩速率差异的增大而增大；涂抹佳固士则将减少两种混凝土之间的收缩差异，进而提升界面粘结性能。因而，使用佳固士可在一定程度上提升混凝土界面的粘结性能。

此外，由不同界面剂劈拉与抗剪试验结果可以看出，混凝土界面劈拉性能提升幅度不及抗剪性能。这是因为对于不同龄期的混凝土之间存在一个过渡层，该过渡层分为三个薄弱层，即渗透层、强效应层和弱效应层[17]。其中，强效应层对界面粘结起主要作用，强效应层由一层粗的氢氧化钙晶体和钙矾石及毛刺状的 C-S-H 组成[18]。混凝土界面之间起作用的主要是机械咬合作用，其次才是范德华力。佳固士具有较好的渗透能力，可渗入旧混凝土孔隙中，促进水泥分子产生更多的胶凝材料，加深两种龄期混凝土之间的联结桥，同时改善混凝土的收缩性能，增强不同龄期的混凝土之间的粘结作用。在进行劈拉试验时，荷载会迅速传导至渗透层，从而抑制佳固士对界面劈拉强度的提升效果。

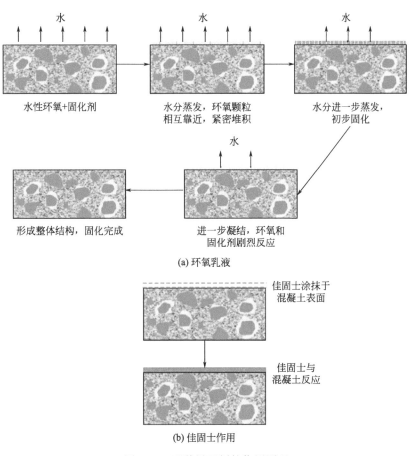

(a) 环氧乳液

(b) 佳固士作用

图 2-22 两种界面剂的作用原理

2.5 小结

结合输水隧洞三层衬砌的结构形式、施工环境、荷载条件和服役环境等方面的特征，选取自密实混凝土作为管片和钢管之间的填充材料，并提出适用于珠江三角洲水资源配置工程的自密实混凝土性能指标。

通过往复荷载作用下钢-自密实混凝土界面力学性能的试验研究发现，钢板焊接加劲肋和栓钉可增强钢-自密实混凝土界面性能，提高构件极限承载能力，一定程度上抑制裂缝的扩展。在钢与混凝土界面布置栓钉和加密加劲肋的方式，可以提升钢-混凝土组合结构的极限承载力、刚度和极限变形能力。考虑到复合衬砌结构的施工工法，在界面布置栓钉的方法会增加施工难度并造成钢管防腐涂层的破损。因此，综合比选，建议选用加密加劲肋的方法作为提升复合结构整体受力性能和协调变形能力的界面处理方式。

相对于水性环氧乳液界面剂，水性无机渗透结晶型防水佳固士材料具有较好的渗透能力，可促进水泥分子产生更多的胶凝材料，加深两种龄期混凝土之间的联结桥；同时，改善混凝土的收缩性能，增强不同龄期的混凝土之间的粘结作用，可作为复合衬砌结构界面的胶粘剂，有效提升钢内衬结构联合承载性能。

参考文献

［1］ Guoming Liu，Xiaohan Guo，Weimin Cheng，et al. Investigating the migration law of aggregates during concrete flowing in pipe［J］．Construction and Building Materials，2020，251.

［2］ Egor Secrieru，Wesam Mohamed，Shirin Fataei，et al. Assessment and prediction of concrete flow and pumping pressure in pipeline［J］．Cement and Concrete Composites，2020，107.

［3］ 郭瑞升 . C35～C60 级泵送高性能混凝土配合比设计及试验研究［J］．广东建材，2019，35（9）：38-40.

［4］ 李悦，王瑞，王子赓，等 . 新拌混凝土泵送性能研究进展［J］．混凝土，2019（11）：136-140.

［5］ 周润翔 . 机制砂在桥梁泵送混凝土中的应用研究［J］．建设科技，2019（9）：86.

［6］ Yue Li，Ji Hao，Zigeng Wang，et al. Experimental-Computational Investigation of Elastic Modulus of Ultra-High-Rise Pumping Concrete［J］．Journal of Advanced Concrete Technology，2020，18（2）．

［7］ 徐杰 . 超高层混凝土泵送技术研究和应用［J］．商品混凝土，2020（Z1）：86-88.

［8］ 汪东波 . 高性能混凝土的流变性及泵送压力损失研究［D］．重庆：重庆大学，2015.

［9］ 赵晓，黎梦圆，韩建国，等 . 混凝土可泵性的室内与现场评价［J］．工业建筑，2018，48（5）：134-138.

［10］ 阎培渝，黎梦圆，韩建国，等 . 新拌混凝土可泵性的研究进展［J］．硅酸盐学报，2018，46（2）：239-246.

［11］ 吕淼 . 自密实混凝土工作性能优化测试方法研究［D］．北京：北方工业大学，2019.

［12］ 关天祺 . 自密实混凝土配合比设计方法及其性能研究［D］．石家庄：石家庄铁道大学，2016.

［13］ 王成启 . 自密实混凝土工作性测试方法及其评价标准研究进展［J］．工业建筑，2013，43（S1）：588-593，599.

［14］ 张后禅 . 机制砂自密实混凝土配制方法及应用技术研究［D］．杭州：浙江大学，2012.

［15］ 章宗友 . 水泥基渗透结晶型防水材料的应用与建议［J］．化学建材，2004（4）：33-36.

［16］ 中华人民共和国住房和城乡建设部 . 混凝土物理力学性能试验方法标准：GB/T 50081—2019［S］．北京：中国建筑工业出版社，2019.

［17］ 李岩凌，肖群芳，陈红岩 . 界面过渡区对混凝土修补系统的影响［J］．商品混凝土，2015（6）：40-42，52.

［18］ 李庚英，谢慧才，熊光晶 . 混凝土修补界面的微观结构及与宏观力学性能的关系［J］．混凝土，1999（6）：13-18.

第3章 钢内衬联合承载结构足尺模型试验与数值分析

现有针对盾构输水隧洞衬砌结构的研究常以数值仿真模拟[1-4]、结构缩尺模型[5,6]或局部接头试验[7-10]为主。虽然已有丰富的研究成果与应用案例,然而基于联合受力模式的钢管衬砌结构却鲜有报道,工程界对其复杂的传力机理尚缺乏充分的认识。此外,受限于数值模拟对真实结构简化带来的差异、相似模拟方法的比例效应误差、接头试验未能全面考虑整环盾构管片结构的力学整体性与边界条件等,上述研究成果仍缺乏专门适用于钢内衬联合承载衬砌结构的分析模型和设计理论,亟需开展结构足尺模型试验对其工程适用性加以论证。

立足于珠江三角洲水资源配置工程,本章以"管片-自密实混凝土-钢管"衬砌结构为研究对象,开展外部不均匀荷载与内部高水压力联合作用下的结构足尺模型试验,揭示此类衬砌结构联合承载特性与传力机理,为指导工程设计提供重要参考。

3.1 试验构件

依据工程设计要求,足尺模型试验构件由外衬管片、内衬钢管及内外衬之间的自密实混凝土填充层组成,三者联合受力,如图 3-1、图 3-2 所示。其中,外衬为三环 C55 预制钢筋混凝土盾构管片(外径 6m;内径 5.4m;厚度 0.3m;环宽 1.5m)。取上环、下环管片作为中间环管片的纵向边界,以实现错缝拼装相邻管片环间存在的三维耦合效应[11]。每环管片由 3 块标准块(B1~B3)、2 块邻接块(L1~L2)及 1 块封顶块(F)组成。标准块圆心角为 72°,邻接块圆心角为 64.5°,封顶块圆心角为 15°。

以中间环管片为例,为方便标记定位及观测试验结果,如图 3-3 所示,将整环管片分成顶底、两腰及趾肩 8 个关键区域,取拱顶部位为 0°,角度坐标以顺时针为正,中间环封顶块位于右拱腰 90°位置,上环、下环封顶块位于左拱腰 270°位置。

管片纵缝由 12 根 M24 不锈钢环向弯螺栓连接,按 36°等角度布设 10 根 M24 不锈钢纵向弯螺栓。螺栓、螺母机械性能等级均为 A4-70 级,屈服强度为 450MPa,抗拉强度为 700MPa。

钢管高度为 4.5m,内径为 4.8m,壁厚为 14mm,材质为 Q345C。钢管外壁沿纵向设 3 道同材质加劲环(厚度 20mm;环高 120mm;纵向间距 2m)。钢管均分为左右两区域,其中,右半区域布置栓钉,以探究栓钉对结构整体力学行为的影响。栓钉按规范《电弧螺柱焊用圆柱头栓钉》GB/T 10433—2002[12]中的规定,采用梅花形布置,直径为 13mm,长度为 120mm,纵向间距(垂直肋)为 400mm、环向间距(顺肋)为 350mm。管片与钢管之间浇筑 C30 自密实混凝土,材料性能指标、配合比及强度值详见表 3-1~表 3-3。

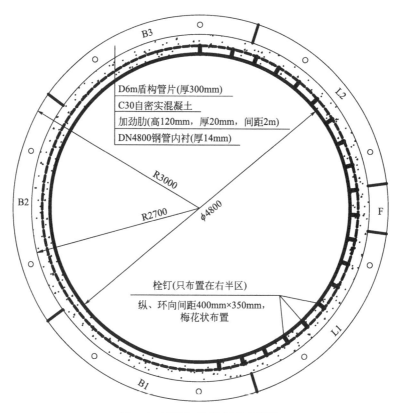

D6m盾构管片(厚300mm)
C30自密实混凝土
加劲肋(高120mm，厚20mm，间距2m)
DN4800钢管内衬(厚14mm)

R3000
R2700
φ4800

B3
L2
B2
F
B1
L1

栓钉(只布置在右半区)
纵、环向间距400mm×350mm，梅花状布置

图 3-1　试验构件横截面示意图

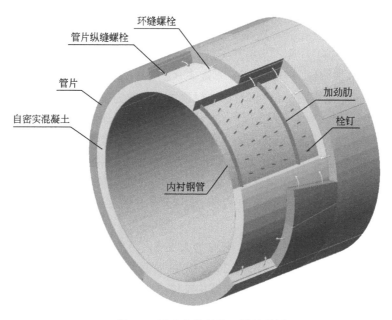

环缝螺栓
管片纵缝螺栓
管片
自密实混凝土
内衬钢管
加劲肋
栓钉

图 3-2　试验构件整体三维效果图

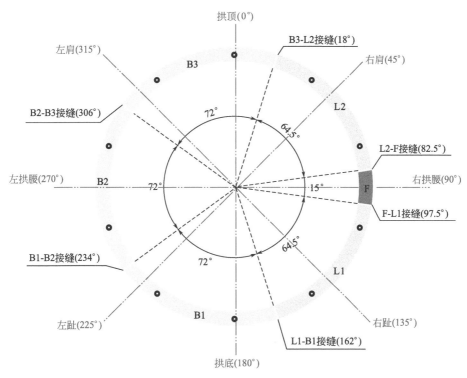

图 3-3 中间环管片分块及角度示意图

自密实混凝土性能指标   表 3-1

指标名称	扩展度（mm）	L形仪通过率	U形箱通过高度（mm）	V形漏斗通过时间（s）
实测值	675	0.85	330	18.29

自密实混凝土配合比   表 3-2

材料名称	水泥 P·O 42.5	砂 中砂	石 5～20mm	水	粉煤灰 Ⅱ级	高炉矿渣 粒化 S95	防冻剂 HQ-1 高效复合
每立方米用量（kg/m³）	278	831	976	173	67	47	7.8

自密实混凝土强度   表 3-3

指标	水灰比	砂率（%）	抗压强度标准值（MPa）			
			14d 标准养护	14d 现场养护	28d 标准养护	28d 现场养护
设计值	0.46	48	—	—	≥30.0	—
实测值	—	—	29.2	27.0	40.0	36.0

试验构件安装过程见图 3-4。

(a) 轮廓标记、对中定位

(b) 底部支座安装与涂抹减摩剂

(c) 三环管片拼装

(d) 内衬钢管焊接与吊装

图 3-4　试件制作（一）

(e) 自密实混凝土浇筑与养护

图 3-4　试件制作（二）

3.2　加载系统

试验加载系统包括外、内压加载两部分，分别模拟输水隧洞在实际服役过程中所承担的外部水土压力和洞内水压力。

3.2.1　外压加载系统

外压加载设备采用中建技术中心自主研发的大型可组装式多功能地下结构力学性能试验系统，包括外反力框架、加压系统及控制系统三部分。

外反力框架为正十二边形的环形钢结构，总重约 340t，可以保证在外压加载时提供稳定的反力。框架外边线内切圆直径为 20.5m，内边线内切圆直径为 16.5m，环面宽为 2m，最大可承接直径为 15.6m、高度为 6m 的盾构衬砌足尺试验，如图 3-5 所示。

图 3-5　外反力框架

试验采用卧式 12 点加载方式模拟输水隧洞衬砌结构的外部荷载，外压模拟系统如图 3-6 所示。加载装置为全伺服液压加载控制系统，包括 24 台液压千斤顶作动器。其中，每个加载点在竖向分为上下两台千斤顶，二者顶推力相等并在加载过程中协调进退，分别承担 1.5 环管片所需的等效顶推力。单个千斤顶作动器最大顶推力为 200t，油缸行程为 ±200mm。12 个加载点沿结构外表面按等角度间隔均匀布置，并分为 4 组——拱顶和拱底部位的竖向荷载组 P_1（共 2 点）、拱肩和拱趾部位的斜向荷载组 P_2（共 4 点）、P_3（共 4 点）及左腰和右腰部位的侧向荷载组 P_4（共 2 点）。

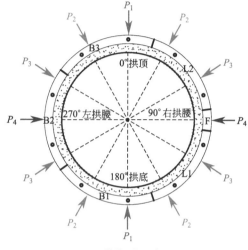

(a) 加载系统实景   (b) 荷载分组示意

图 3-6　外压模拟系统

采用试验场地单位配套研发的 24 通道液压伺服联合控制系统，力控制精度优于 1% F.S.，位移控制精度优于 1% F.S. 和 0.10mm，力和位移的分辨率分别为 1kN 和 0.001mm，可控制荷载呈等比例均匀加卸载，保证加卸载过程中不会产生不均匀变形和应力集中现象。

3.2.2　内压加载系统

考虑到全周环向千斤顶模拟内水压的局限性，以及真实水体施加内压存在密封隐患、拆除难度大等困难，本次试验专门设计一套内压加载系统（图 3-7），包括内撑反力钢架、特制柔性囊体和加压系统三部分。

内撑反力钢架为钢筒形状，内径为 4.2m，高为 5.5m，壁厚为 28mm，总重约 28t，为特制柔性囊体注水加压时提供约束反力，如图 3-8 所示。钢架外表面光滑，内表面按间隔 30° 通长布置 12 块纵向肋板（高 200mm，厚 28mm），沿纵向按 0.5m 间距布置加劲环（高 200mm，厚 28mm），在加劲环上按 1.0m 间距焊接 8 条 [28b 型槽钢内支撑，以增加反力钢架整体刚度。经验算，该反力钢架受力及变形均满足要求，确保为内压加载提供稳定反力。

在内撑反力钢架与内衬钢管之间，按前后、左右对称的原则布置 12 个特制柔性囊体。针对囊体注水加卸压时长、加压速率、加压梯度等级、极限承载力等指标开展一系列试验研究，不断优化囊体设计方案。材料最终选用超高分子量聚乙烯纤维、芳纶纤维等高强纤维及多层橡胶蒙皮，囊体两端优化为扁平头枕形，极限承载力达 1.6MPa。单个囊体净重

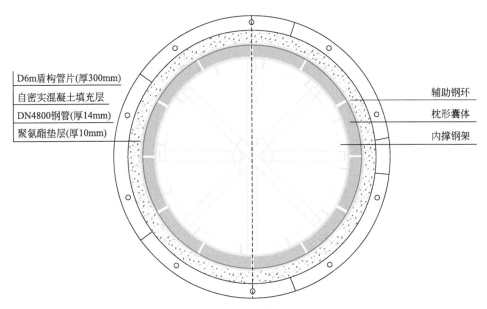

D6m盾构管片(厚300mm)
自密实混凝土填充层
DN4800钢管(厚14mm)
聚氨酯垫层(厚10mm)

辅助钢环
枕形囊体
内撑钢架

图 3-7　内压加载方案示意图

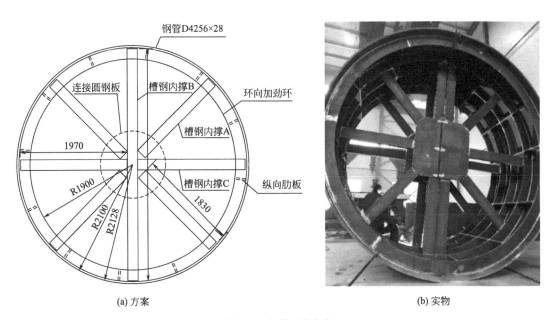

钢管D4256×28

连接圆钢板　槽钢内撑B

环向加劲环

1970　槽钢内撑A

R1900

R2100

R2128　槽钢内撑C

纵向肋板

1830

(a) 方案　　　　　　　　　　(b) 实物

图 3-8　内撑反力钢架

约 0.5t，宽为 1m，内部未注水时的长度为 4.7m，满水承压时的长度为 5.0m。囊体注水后舒展膨胀，直至充满内撑反力钢架与内衬钢管之间的空隙，向内衬钢管传递法向面压力，实现内水压力的模拟，如图 3-9 所示。

采用与囊体配套的同步加压系统（图 3-10），包括 16 路通道自动注水加压泵机、连接管路和同步加卸压控制系统。加压泵机最大可提供 1.5MPa 的压力，精度控制为 0.01MPa，最大流量为 10m³/h，配有进、出水口，每个囊体在顶部设置阀门，通过管路与加压泵机相连。通过对囊体注、排水模拟输水隧洞的充、放水工况。在同步加卸压控制

(b) 多层复合材料

(c) 试验加压泵机

(d) 单个囊体水中破坏试验

(e) 试验远程监控系统

(a) 单个囊体

图 3-9　囊体承压能力测试

(a) 16 路通道自动注水加压泵机

(b) 连接囊体管路

(c) 同步加卸压控制系统

图 3-10　同步加压系统

系统中输入特定内压值后，可保证 12 个囊体内压相等，同步加卸压、稳定保载。

最终搭建完成的结构加载系统如图 3-11 所示。

3.2.3　加载方案

本试验加载分为三个阶段：（Ⅰ）正常外载＋未考虑内压；（Ⅱ）正常外载＋内压循环；（Ⅲ）最大内压＋外载卸荷。具体方案如图 3-12 所示。

阶段Ⅰ：依据现场勘察设计资料，并综合考虑单个作动器控制的管片幅宽及弧度区域，等效得出竖向外载组（P_1）单个作动器顶最大推力值为 800.0kN。其中，土层侧压力系数取 0.57，则侧向外载组（P_4）单个作动器顶最大推力值为 456.0kN，斜向荷载组

图 3-11　内压模拟系统实景

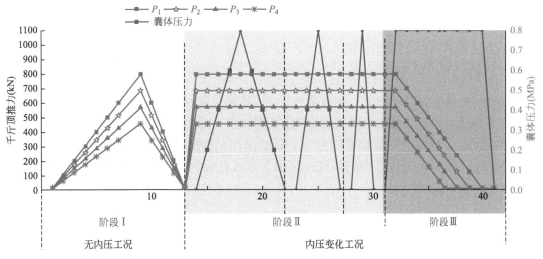

图 3-12　试验加载制度

P_2、P_3 按角度进行插值。试验过程中以 P_1 组作为控制荷载，P_1 以 100kN 为梯度由 0kN 逐级加载至 800kN，再以 200kN 为梯度卸载至 0，同时控制 P_2、P_3、P_4 组荷载始终保持比例同步变化，如图 3-13。

阶段 Ⅱ：综合隧洞的设计内压值与囊体材料的极限承载能力，在保持外载正常条件下，试验将最大内压设定为 0.8MPa，以模拟叠合衬砌结构在正常埋深下承受设计内水压力的受力情况。其中，囊体采用注、排水方式实现三轮内压加卸载循环。

阶段 Ⅲ：为进一步考察衬砌结构承受更高内水压力时的变形行为与传力机理，本试验按等梯度逐级卸除外载，通过增加压力差的方式对衬砌结构等效施加内水压力。外载完全卸除后，最高等效内压达 1.025MPa。

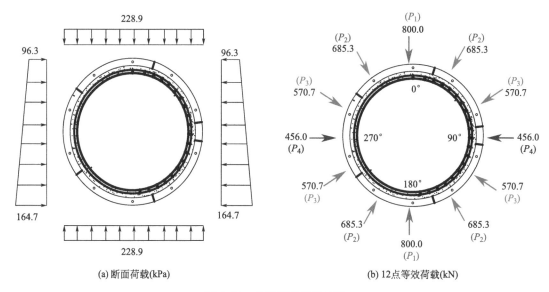

(a) 断面荷载(kPa)　　　　(b) 12点等效荷载(kN)

图 3-13　外部荷载等效示意

3.3　测量方案

3.3.1　测量内容

本次试验存在构件体量大、加载系统复杂、试验过程中不具备人工采集空间和测试元件安装难度大等难点。鉴于光纤传感器具有无需供电、分布式、精细化、长距离、可以连续获得沿线各点局部响应信息等优势[13]，试验采用刻槽粘贴、捆绑或直埋感测光纤作为主要的测量方式。试验选取中间环管片区域为测试目标区域，传感器类型和测量内容见表 3-4。

传感器类型和测量内容　　　　　　　　　　　　　表 3-4

传感技术	序号	测量指标	传感器	量程	精度	布设位置与数量	数据采集设备
光纤类	1	自密实混凝土环向应变	金属基索状应变感测光缆	$\pm15000\mu\varepsilon$	$2\mu\varepsilon$	对应中环管片区域内圈 1 道＋外圈 1 道	布里渊分布式光纤应变解调仪 BOFDA(fTB2505)
	2	自密实混凝土截面内力	金属基索状应变感测光缆	$\pm15000\mu\varepsilon$	$2\mu\varepsilon$	同自密实混凝土环向应变	
	3	管片环向应变	高传递紧保护套应变感测光缆	$\pm15000\mu\varepsilon$	$2\mu\varepsilon$	中环管片外表面 1 道	
	4	钢内衬环向应力	碳纤维布复合基应变感测光缆	$\pm15000\mu\varepsilon$	$2\mu\varepsilon$	对应管片中央 1 道＋对应环缝接头 1 道	
	5	加劲环环向应力	碳纤维布复合基应变感测光缆	$\pm15000\mu\varepsilon$	$2\mu\varepsilon$	中间加劲环 1 道＋顶部加劲环 1 道	
	6	管片纵缝螺栓应力	光纤光栅裸栅应变计	$\pm10000\mu\varepsilon$	$1\mu\varepsilon$	顶环管片下排 6 支＋中环管片下排 6 支	柜式光纤光栅解调仪 NZS-FBG-A01(C)

续表

传感技术	序号	测量指标	传感器	量程	精度	布设位置与数量	数据采集设备
振弦类	7	管片接缝张开量	振弦式测缝计	±25mm	0.001mm	中环管片内弧面 6 支	BGK-AC-64L 频率采集箱 BGK-408 自动读数仪
	8	管片截面内力	振弦式钢筋计	±300MPa	0.01MPa	中环管片跨中截面内侧 6 支＋外侧 6 支	
机械类	9	管片直径变形量	数显百分表	±25mm	0.01mm	中环管片外壁 12 支	SH-411 分集线器 SH-321 主集线器
	10	自密实混凝土-管片界面相对剥离	数显千分表	±25mm	0.001mm	顶环管片端面 8 支	
	11	钢管-自密实混凝土界面相对剥离	数显千分表	±25mm	0.001mm	顶环管片端面 8 支	

3.3.2　传感器安装

1. 管片

在中间环管片幅宽中央位置沿全周布置分布式应变感测光缆（直径 0.9mm），并在纵缝接头处作延长松弛处理，以避免光纤在管片接头处被拉扯断。安装时，先将管片外表面打磨平整后刻槽，然后将光缆放置槽内，采用导热硅胶封装处理，最后在表面粘贴玻璃纤维布覆盖，避免因后续工序施工或意外碰撞导致光缆破坏失效（图 3-14）。

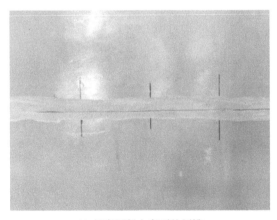

(a) 打磨混凝土表面并刻槽　　　　　　(b) 安装光纤并粘贴玻璃纤维布覆盖

图 3-14　管片全周环向应变测点布设

光纤布拉格光栅（FBG）传感器布置于中间环管片下排、顶部环管片下排 12 根弯螺栓上，利用波分复用技术串联成组，以同步记录各螺栓的应力变化。相较于直螺栓或斜螺栓，弯螺栓应力测点的布置与保护尤为复杂与困难。在螺栓弯曲加工前，需在直螺杆一侧切槽，将螺杆按设定弧度起弯加工，使得切槽位于外凸弧面。将 FBG 应变感测裸栅粘贴至槽内，涂抹导热硅胶缓冲封装，防止光栅工作性能受到外界环境影响。安装螺栓至管片预留手孔处，并采用"多级嵌套管"保护措施，充分保障混凝土浇筑等施工过程中螺栓测点存活率，如图 3-15 所示。

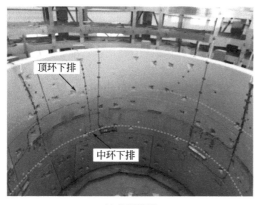

(a) 位置说明

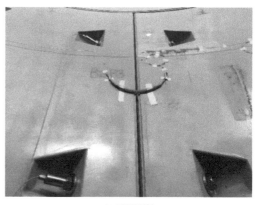

(b) 纵缝螺栓

图 3-15　管片纵缝螺栓测点现场布置

沿中间环管片外表面幅宽中央管片每间隔 30°布置一个百分表位移计（与千斤顶加载点相互错开），配合钢支架固定磁性表座与测微计如图 3-16 所示。

(a)钢支架

(b) 安装磁性表座并固定

图 3-16　百分表测微计安装

受限于管片外表面缺乏操作空间，本次试验沿中间环管片内表面的纵缝处布置测缝计，用以测量管片纵缝接头张开量，并设置隔离护罩确保测缝计免受混凝土浇筑影响，如图 3-17 所示。

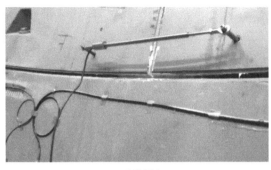
(a) 安装固定

(b) 设置隔离护罩

图 3-17　测缝计

选取中间环管片各分块的主截面（即跨中截面），于管片幅宽中央的内、外侧环向受力主筋处布置钢筋计，如图 3-18 所示。

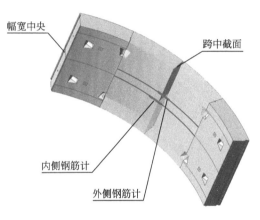
(a) 三维效果图

(b) 实物

图 3-18　管片钢筋计测点布置方案

2. 自密实混凝土

本次试验在靠近中间加劲环处，布置了外圈＋内圈共 2 道应变感测光缆，外圈光缆距管片内壁 100mm，内圈光缆距钢管外壁 50mm。如图 3-19 所示，先把内衬钢管外弧面的栓钉或临时焊接光圆钢筋作为附着支架，随后环绕钢管外壁全周悬拉内外两圈光缆，同时用尼龙轧带捆绑，将光缆临时固定，确保光缆在混凝土浇筑过程中不松脱。

3. 钢管

沿钢管内壁在上、下位置共铺设两道应变感测光缆，如图 3-20 所示，分别对应中环管片幅宽中央（断面Ⅰ）、中环与顶环管片的环缝接头（断面Ⅱ）两个断面。此外，沿中间加劲环、顶部加劲环布置两道应变感测光缆。

4. 衬砌界面相对剥离

试验采用数显千分表配合自制挡板支架的方法，测量衬砌界面的相对剥离，即衬砌结合面沿径向分离或贴紧的状态，如图 3-21 所示。

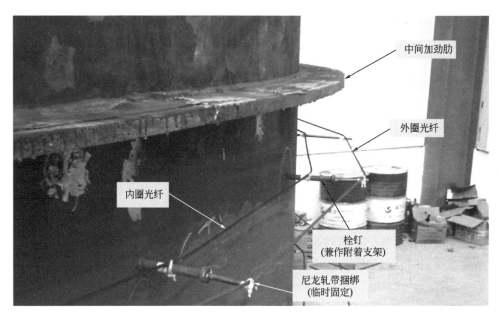

图 3-19 自密实混凝土全周环向应变测点安装

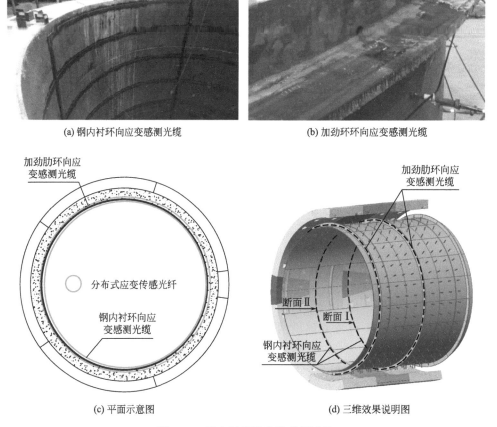

(a) 钢内衬环向应变感测光缆

(b) 加劲环环向应变感测光缆

(c) 平面示意图

(d) 三维效果说明图

图 3-20 钢内衬感测光缆现场铺设

（1）自密实混凝土-管片界面相对剥离：在衬砌结构顶部端面位置，将千分表固定在管片表面，挡板支架固定在自密实混凝土表面，以此监测管片-自密实混凝土界面的相对剥离情况，如图 3-21（a）所示。从拱顶 0°开始，按顺时针每间隔 45°布置一个，全周共均布 8 个测点。

（2）钢管-自密实混凝土界面相对剥离：在衬砌结构顶部端面位置，将千分表固定在自密实混凝土表面，挡板支架固定在钢内衬表面，以此监测钢管-自密实混凝土界面的相对剥离情况，如图 3-21（b）所示。从拱顶 0°开始，按顺时针每间隔 45°布置一个，全周共均布 8 个测点。

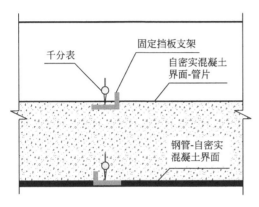 

(a) 界面相对剥离测量示意图　　　　　　　　(b) 界面位移测微计

图 3-21　衬砌面界面相对位移测微系统

3.3.3　数据采集

全分布式光纤传感器采用分布式光纤应变解调仪 BOFDA（fTB2505），如图 3-22 所示；准分布式光纤传感器采用柜式光纤光栅解调仪 NZS-FBG-A01（C），如图 3-23 所示。解调仪与装有专业软件的电脑配合使用，实现试验数据的全自动化采集，在现场进行数据处理，及时了解结构响应状态。

 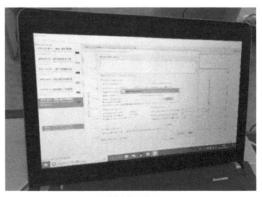

(a) 分布式光纤应变解调仪BOFDA(fTB2505)　　　　　(b) 数据处理窗口

图 3-22　基于 BOFDA 的分布式光纤应变解调仪

(a) 柜式光纤光栅解调仪NZS-FBG-A01(C)

(b) 数据实时监控窗口

图 3-23　光纤光栅（FBG）解调仪

振弦式数据采集系统如图 3-24 所示，主要包括传感器、自动集线箱与自动读数仪三大部分，该系统可实现试验全过程数据全自动化采集。

(a) 振弦式自动集线箱

(b) 自动读数仪

图 3-24　振弦式数据采集系统

数显机械式数据采集系统如图 3-25 所示，主要包括位移计、分集线器与主集线器三大部分，通过与装有专业软件的电脑配合使用，可实现数据可视化、自动化采集。

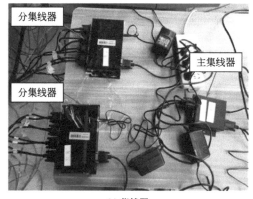
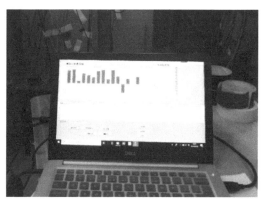

(a) 集线器

(b) 可视化自动采集系统

图 3-25　数显测微系统

3.4 试验结果

试验结果如图 3-26～图 3-42 所示，图中，拉应变计为"＋"，压应变计为"－"；拉应力计为"＋"，压应力计为"－"；接缝张开计为"＋"，闭合计为"－"；各衬砌间互相拉脱、剥离计为"＋"，相互贴紧、挤压计为"－"。

3.4.1 混凝土开裂

未施加内压时（阶段Ⅰ），各级荷载作用下衬砌结构整体承载稳定，无异响，未观察到混凝土开裂现象。从分布式光缆测试结果看，大部分自密实混凝土均呈受压状态，当 $P_1=800$kN 时，靠近外衬管片一侧的自密实混凝土于左腰 275°出现最大压应变（$-343\mu\varepsilon$），于拱底 194°出现最大拉应变（$+48\mu\varepsilon$）；靠近内衬钢管一侧的自密实混凝土于左腰 280°出现最大压应变（$-313\mu\varepsilon$），于右趾 132°出现最大拉应变（$+81\mu\varepsilon$），见图 3-26。可见，自密实混凝土环向应变及其变化幅度较小，未出现微细裂纹，自密实混凝土层处于弹性工作状态。

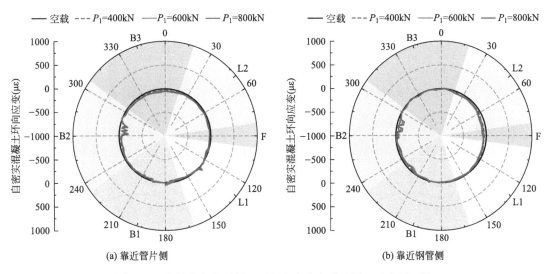

图 3-26 中衬自密实混凝土环向应变分布雷达图（无内压工况）

由图 3-27 可以发现，在加载阶段Ⅱ，内压为 0～0.40MPa 时，自密实混凝土外侧、内侧环向应变逐渐由受压转变为受拉。当内压等于 0.40MPa 时，在拱底 181°附近出现拉应变极值（$+91\mu\varepsilon$），此时自密实混凝土尚未出现细微裂纹，结构尚处弹性阶段。当内压达 0.60MPa 时，结构开始发出异响，自密实混凝土内部开始产生裂缝，在拱顶 346°附近出现最大拉应变（$+186\mu\varepsilon$）；当内压由 0.6MPa 升至 0.8MPa 时，结构不断发出清脆的巨响，频率也逐渐加密，自密实混凝土层内部裂缝迅速扩展；当内压达 0.8MPa 时，左半区域可见 5 道沿径向接近贯通的宏观裂缝，分别位于 180°、195°、255°、300°及 340°位置；右半区域则出现 4 道宏观裂缝，分别位于 5°、54°、90°及 126°位置。经历 3 轮内压加卸循环后，自密实混凝土未增加新的裂缝，如图 3-28（a）所示。

当试验进入加载阶段Ⅲ、等效内压达 0.86MPa 时，自密实混凝土于 210°新增一道裂缝，沿全周被分割成 10 个区域，如图 3-28（b）所示，其余未开裂部位的自密实混凝土环向应变基本不再增长，而宏观裂缝宽度进一步扩展；当等效内压达 1.025MPa 时，试验结束，自密实混凝土最大裂缝宽度（1.06mm）出现在 255°。自密实混凝土左半区域相对右半区域呈现较大的裂缝宽度及数量，破损响应更为剧烈，因而布置栓钉可有效抑制自密实混凝土的开裂。

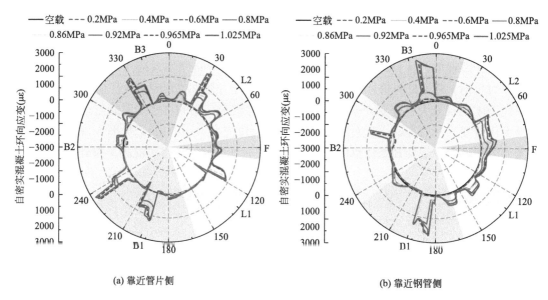

(a) 靠近管片侧　　　　　　　　　(b) 靠近钢管侧

图 3-27　中衬自密实混凝土环向应变分布雷达图（内压变化工况）

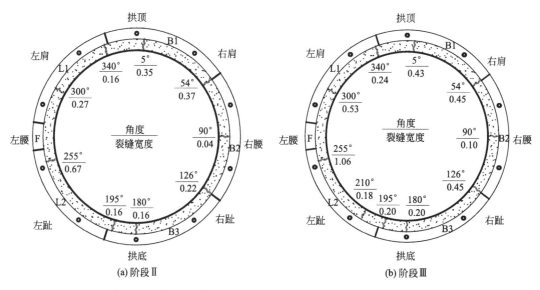

(a) 阶段Ⅱ　　　　　　　　　(b) 阶段Ⅲ

图 3-28　顶部端面自密实混凝土裂缝开展情况（裂缝单位：mm）

3.4.2　管片接头响应

在无内压工况中，当 P_1＝800kN 时，在拱底出现最大接头张开量（－0.031mm），仅占《盾构法隧道施工及验收规范》GB 50446—2017[14] 中规定限值（2mm）的 1.55％，管片接头内张开量及其变化幅度较小，未出现明显起伏变化，如图 3-29 所示。

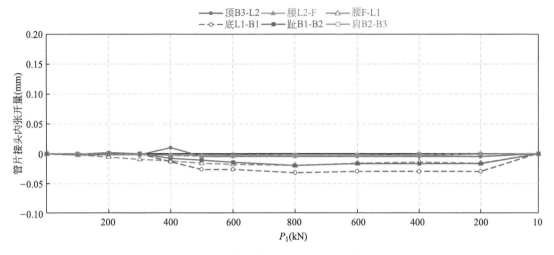

图 3-29　外荷载-接缝张开量变化曲线

图 3-30 给出了接缝张开量随内压变化曲线，在试验加载阶段 Ⅱ、内压由 0.6MPa 升至 0.8MPa 时，位于左趾 234°的 B1-B2、右腰 82.5°的 L2-F 接头张开量迅速增大；当内压达 0.8MPa 时，两者分别达＋1.130mm 和＋0.285mm，占规定限值的 56.5％和 14.3％。经历 3 轮内压加卸循环后，各接缝张开量峰值波动减小。

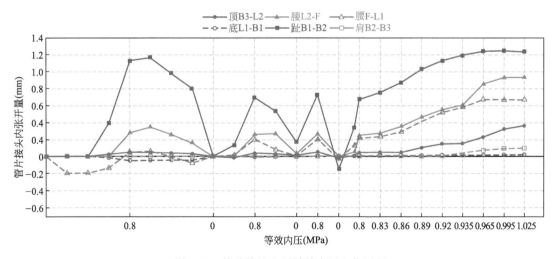

图 3-30　管片接缝张开量随内压变化历程

在试验加载阶段 Ⅲ，接头张开量随着等效内压的提升持续增大，当等效内压达 0.995MPa 时，B1-B2 张开量峰值为＋1.246mm，占容许张开量（2mm）的 62.3％；当等效内压达 1.025MPa 时，L2-F 张开量峰值为+0.934mm，占容许张开量的 46.7%。

接头张开变形与自密实混凝土裂缝发展呈现良好的同步性，靠近自密实混凝土开裂区域的管片接头张开量波动幅度尤为明显，以 255°裂缝对应 234°的 B1-B2 接头、90°裂缝对应 82.5°的 L2-F 接头最具代表性。自密实混凝土层开裂后，其刚度迅速减小，分担内压能力下降，内压加速向外衬转移，成为导致接缝张开量剧烈变化的直接原因。

本次试验的螺栓测点存活率为 83.3%（B2-B3 接缝螺栓测点已损坏）。此外，由于在外衬管片拼装过程中已对全部环、纵向螺栓按给定扭矩预紧，并在吊装内衬钢管、现浇中衬自密实混凝土前再次复紧，因此螺栓测点在结构空载阶段已有预紧压力。随着外载逐级增大，结构表现出拱顶、拱底位置的螺栓压应力略微减小，其余位置的螺栓压应力则略微增大的趋势（图 3-31）。当 P_1=800kN 时，位于左趾 234°的 B1-B2 螺栓变化量最大，压应力由−119.39MPa 增至−131.20MPa，增量仅占屈服强度的 2.62%。各螺栓应力未出现较大波动，未出现拉应力。

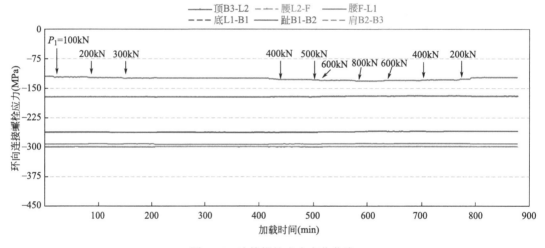

图 3-31　连接螺栓应力变化曲线

在试验加载阶段Ⅱ，内压为 0～0.4MPa 时，中环与顶环管片的各纵缝螺栓应力变化不大，均尚处于受压状态；当内压达 0.6MPa 时，中环管片左趾 234°的 B1-B2 螺栓响应最为激烈，率先由受压转为受拉状态，拉应力为+71.16MPa，占屈服强度的 15.8%；其他螺栓则由于预紧扭矩的存在，虽然压应力有所减小，但仍保持受压状态。当内压达 0.8MPa 时，中环的 B1-B2 螺栓拉应力急剧增大，达+291.58MPa，占屈服强度的 64.8%，而其他螺栓继续保持受压状态，但压应力不断变小，较明显的是中环管片右腰 82.5°的 L2-F 螺栓，应力增量为+61.59MPa（受拉）；以及顶环管片右肩 54°的 B1-B2 螺栓，应力增量为+59.90MPa（受拉）。在随后两轮的内压加卸循环中，当内压为 0.8MPa 时，中环的 B1-B2 螺栓的拉应力峰值略有增长，分别为+311.97MPa（第二轮）、+315.10MPa（第三轮），其他螺栓应力变化不明显。总体来看，三轮内压加卸循环的螺栓响应变化较小，未有螺栓发生屈服。

进入加载阶段Ⅲ，螺栓应力随等效内压升高而继续增长，当等效内压达 0.965MPa 时，中环的 B1-B2 螺栓应力为+475.02MPa，螺栓已屈服。直到等效内压达到最大值

1.025MPa 时，其他螺栓由于预紧压力的存在仍未出现拉应力，但应力增量呈现不断增大趋势，中环的 L2-F 螺栓变化显著，相比试验加载前应力增量为 +151.25MPa。

值得注意的是，管片螺栓应力变化历程与自密实混凝土层裂缝发展呈现良好的一致性，靠近自密实混凝土层开裂部位的螺栓应力波动变化明显（图 3-32）：

（1）对于中环管片，左趾 234° 的 B1-B2 螺栓，对应 255° 裂缝；右腰 82.5° 的 L2-F 螺栓，对应 90° 裂缝；右腰 97.5° 的 F-L1 螺栓，对应 90° 裂缝。

（2）对于顶环管片，右肩 54° 的 B1-B2 螺栓，对应 54° 裂缝；右趾 126° 的 B2-B3 螺栓，对应 126° 裂缝；拱底 198° 的 B3-L2 螺栓，对应 195° 裂缝；拱顶 342° 的 L1-B1 螺栓，对应 340° 裂缝。

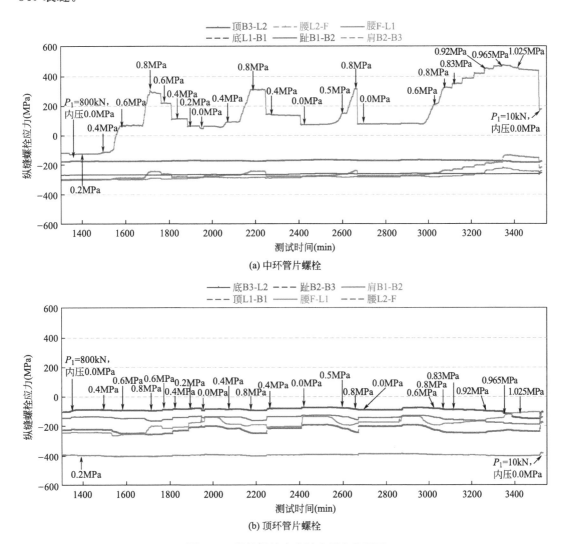

图 3-32 纵缝螺栓应力随内压变化历程

此外，255° 处裂缝宽度最大，附近的 234° 螺栓应力亦最大。出现上述现象是因为结构整体刚度在管片纵缝位置较低，随着内压不断提升，自密实混凝土层内部能量亦积累增加，导致自密实混凝土层在管片纵缝位置附近开裂；同时，自密实混凝土层开裂亦导致其自身刚度急剧下降，内压分担能力削减，衬砌结构整体出现内力重分布，内压快速向外衬转移，导致对应的接头螺栓应力迅速增长。

3.4.3 直径变化量

图 3-33（a）给出了外衬管片在常时设计外载作用下的整体径向变形情况。不难发现，管片环呈现为横椭圆的形态，即拱顶、拱底向内部收敛，而两拱腰向外部扩张。当 P_1 达 800kN 时，管片在腰部 d-j 方向出现最大直径（6000.54mm），在顶底 a-g 方向出现最小直径（5998.41mm），相应的椭圆度为 0.39‰，远小于规定限值[13]。

此外，管片在左、右两侧变形量值存在不对称性，右半侧径长变化量明显大于左半侧。如图 3-33（b）所示，当 P_1＝800kN 时，右腰 i 处的径长变化量（＋0.44mm）比左腰 d 处的径长变化量（＋0.08mm）提升了约 450.0%；右腰 j 处的径长变化量（＋0.46mm）比左腰 c 处的径长变化量（＋0.06mm）提升了约 666.6%。其他外载等级下也有相同现象，这主要是因为结构在左右两侧存在差异：一方面，封顶块位于结构右腰处，使得管片在右侧刚度较小；另一方面，内衬钢管右半侧的栓钉构造使其与自密实混凝土之间的连接效果得到了增强，但客观上导致管片与自密实混凝土的结合性和联合承载能力被削弱。在以上两方面原因的综合影响下，管片的右半侧径长变形大于左半侧。

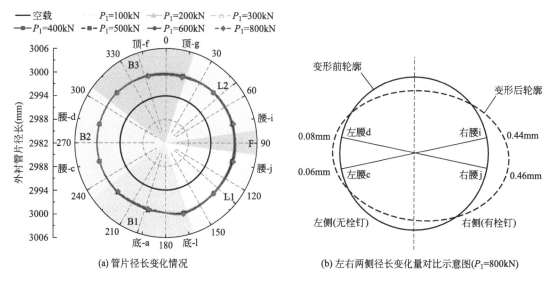

(a) 管片径长变化情况   (b) 左右两侧径长变化量对比示意图(P_1=800kN)

图 3-33 外载作用下管片环整体径长变形图

图 3-34 为管片的水平、竖向直径变形量随外载变化历程。可见，管片水平直径与竖向直径随外载等级的提升基本呈线性变化，且变化量值较小，结构尚处于弹性状态。

图 3-35 为外衬管片在不同等级内压作用下的整体径向变形情况。可见，在外载及内压的联合作用下，当内压较低时，管片环径长变化量较小，表现为横椭圆的变形模式，即顶底向内收敛，腰部向外扩张，且右腰径长变化量略高于左腰，管片仍保持无内压工况下的特征。随着内压等级逐级升高，管片的径向变形进一步增大，顶底收敛、两腰扩张的横椭圆形态更加明显。

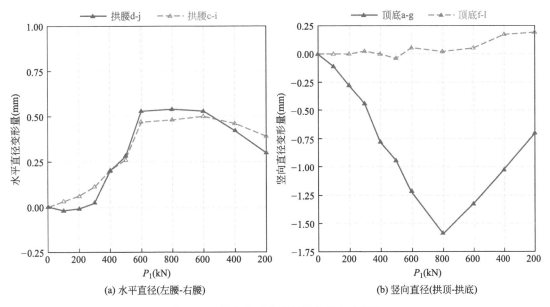

(a) 水平直径(左腰-右腰)　　　　　(b) 竖向直径(拱顶-拱底)

图 3-34　管片直径变形量随外载变化历程

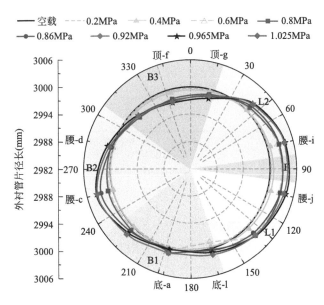

图 3-35　不同等级内压作用下管片环整体径长分布图

在试验加载阶段 Ⅱ，内压逐级升高至 0.4MPa 时，管片有微小的膨胀变形，椭圆度由 0.2MPa 时的 0.12‰ 变化到 0.4MPa 时的 0.32‰。当内压增至 0.6MPa 时，管片继续发生膨胀变形，横椭圆形态更加明显，椭圆度增大至 1.27‰，这是因为内压达 0.6MPa 时自密实混凝土发生开裂，导致管片需要分担的内压突然增加，管片变形相应加速变化。在内压为 0.8MPa 时，在腰部 c-i 方向出现最大直径（6004.90mm），在顶底 f-l 处出现最小直径（5997.02mm），相应椭圆度为 1.46‰。通过外衬管片直径变形量随内压变化历程（图 3-36）。可以发现，三轮内压循环管片的直径变形存在差异，后两轮直径变形量峰值有所降低。此外，可以发现直径变形曲线在内压下降阶段与上升阶段存在明显的不对称现象，在内压卸

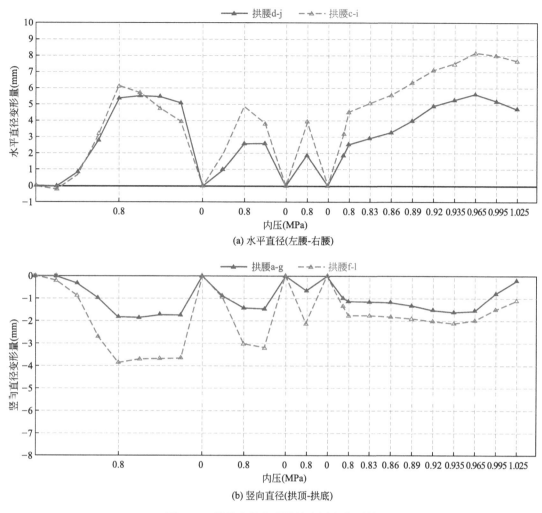

(a) 水平直径(左腰-右腰)

(b) 竖向直径(拱顶-拱底)

图 3-36　管片直径变形量随内压变化历程

载时，直径变形回弹缓慢，存在滞后性。

　　在加载阶段Ⅲ，随着内压的继续增大，管片横椭圆变形进一步加大，当达到等效内压 0.965MPa 时，在腰部 c-i 方向出现最大直径（6008.15mm），在顶底 f-l 处出现最小直径（5998.01mm），相应的椭圆度为 1.88‰，未超过椭圆度容许值（10‰）。由图 3-36 可以看出，在加载阶段Ⅲ，管片水平、竖向直径变形量随内压的增大而不断增大，在内压为 0.965MPa 时取得最大值，随后量值稍微减小，这与管片在 0.965MPa 时螺栓发生屈服有关，螺栓屈服后，外衬管片承担内压的能力急剧下降，内压转而主要由内衬钢管承担。

3.4.4　管片钢筋应力

　　外载正常阶段中间环管片跨中主截面的内侧、外侧受力主筋应力汇总于表 3-5。其中，正值表示钢筋受拉，负值表示钢筋受压。可见，管片环向受力主筋最大拉应力为 +1.94MPa，位于拱腰附近的 B2 块主截面，占 HRB400 屈服强度 400MPa 的 0.485%；管片环向受力主筋最大压应力为 -14.57MPa，位于拱顶附近的 B3 块主截面，占 HRB400 屈服强度 400MPa 的 3.64%。

中间环管片钢筋应力（MPa）-外载正常工况 表3-5

竖向外载 P_1 (kN)	角度(°)	50.25		90		129.75		198		270		342	
	管片	L2块		F块		L1块		B1块		B2块		B3块	
	部位	外侧	内侧	外侧	内侧	外侧	内侧	外侧	内侧	外侧	内侧	外侧	内侧
10.0		0	0	0	0	0	0	0	0	0	0	0	0
100.0		−0.37	−0.53	−0.04	−0.39	−1.10	−0.81	−0.76	−0.19	0.10	−1.03	−1.10	−5.17
200.0		−0.67	−1.16	−0.10	−0.70	−2.04	−1.45	−1.37	−0.38	0.32	−2.13	−2.13	−6.82
300.0		−0.88	−1.79	−0.16	−0.90	−2.73	−1.89	−1.91	−0.59	0.58	−3.18	−3.28	−8.38
400.0		−1.02	−2.87	−0.72	−0.99	−3.45	−3.11	−2.56	−1.41	0.71	−4.52	−4.55	−10.16
500.0		−1.10	−3.24	−0.78	−1.13	−3.83	−3.87	−3.08	−1.43	0.85	−5.14	−5.83	−11.34
600.0		−1.06	−3.68	−0.82	−1.17	−3.98	−4.80	−3.62	−1.41	1.29	−5.85	−7.03	−12.46
800.0		−0.97	−4.70	−0.88	−1.28	−4.27	−6.78	−4.74	−1.45	**1.94**	−7.54	−9.36	**−14.57**
600.0		−0.41	−3.46	−0.88	−0.67	−3.76	−4.83	−3.60	−0.29	1.40	−6.46	−7.69	−11.78
400.0		−0.13	−2.30	−0.81	−0.36	−3.11	−2.69	−2.60	0.53	0.85	−5.11	−5.92	−8.82
200.0		0.00	−1.10	−0.68	−0.12	−2.35	−1.07	−1.64	0.94	0.37	−3.41	−3.87	−5.64

内压变化阶段中间环管片跨中主截面的内侧、外侧受力主筋应力汇总于表3-6。其中，正值表示钢筋受拉，负值表示钢筋受压。可见，管片环向受力主筋最大拉应力为 +76.04MPa，位于拱底附近的 B1 块主截面，占 HRB400 屈服强度 400MPa 的 19.01%；管片环向受力主筋最大压应力为 −10.57MPa，位于左趾附近的 L1 块主截面，占 HRB400 屈服强度 400MPa 的 2.64%。

中间环管片钢筋应力（MPa）-内压破坏工况 表3-6

等效内压 (MPa)	角度(°)	50.25		90		129.75		198		270		342	
	管片	L2块		F块		L1块		B1块		B2块		B3块	
	部位	外侧	内侧	外侧	内侧	外侧	内侧	外侧	内侧	外侧	内侧	外侧	内侧
0		0	0	0	0	0	0	0	0	0	0	0	0
0.6		8.06	1.38	−1.69	1.14	6.79	7.80	−5.58	23.23	5.01	1.59	−2.56	13.31
0.8		12.74	2.41	−2.02	1.67	8.32	12.16	−6.62	33.35	6.41	4.43	−1.80	18.35
0.83		13.28	3.22	−1.91	1.69	8.34	13.63	−6.33	39.27	6.58	4.68	−1.59	20.94
0.86		13.77	4.09	−1.72	1.75	7.24	15.26	−5.60	47.60	7.10	4.84	−1.59	24.77
0.89		13.33	5.41	−1.46	1.71	4.95	17.80	−4.76	55.44	7.63	5.20	−2.09	28.66
0.92		12.58	7.38	−1.24	1.71	2.85	20.90	−4.43	61.92	8.22	5.49	−2.51	33.76
0.935		12.17	8.13	−1.00	1.61	1.49	22.41	−4.11	65.55	8.41	5.45	−2.87	36.19
0.965		9.60	10.64	−0.90	1.64	0.13	26.06	−1.90	72.96	6.05	6.83	−1.43	45.66
0.995		9.63	11.38	−0.78	1.48	−1.10	29.04	1.71	**76.04**	2.51	8.64	1.20	49.29
1.025		9.33	11.67	−0.68	1.37	−2.13	30.44	4.02	75.33	0.56	9.76	2.63	52.08

3.4.5 钢管环向应变

在无内压工况，由图 3-37 可见，当 $P_1 = 800\text{kN}$ 时，断面 I 在右腰 74°出现最大环向压应变（$-104\mu\varepsilon$）；断面 II 在右肩 37°出现最大环向压应变（$-152\mu\varepsilon$），分别占屈服应变限值的 7.3％和 10.6％。可见，钢管仍具有较大承载能力。

断面 I 的环向应变起伏变化均匀平缓，而断面 II 的环向应变起伏变化较大，且后者应变峰值略大于前者。一方面，环缝接头处外衬管片横向刚度被削弱，内衬钢管和自密实混凝土需分担更多内力，从而增加钢管自身的环向应变；另一方面，管片幅宽中央位置的钢管外壁已布置加劲环，钢管横向刚度增强，不均匀外载进一步加剧钢管环向应变分布的纵向差异。因此，为了减小内衬钢管环向应变在不同纵向断面的差异，可考虑在纵向上同排布置钢管外壁加劲环和管片环缝接头。

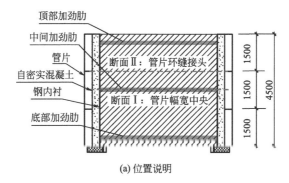

(a) 位置说明

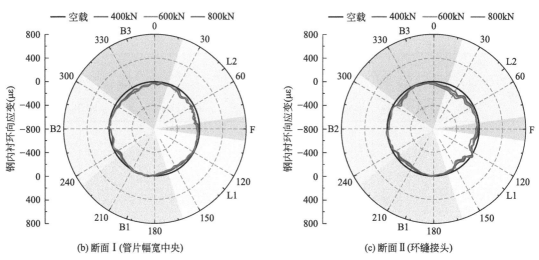

(b) 断面 I（管片幅宽中央）　　　(c) 断面 II（环缝接头）

图 3-37　钢管环向应变分布雷达图（无内压）

如图 3-38 所示，加劲环环向应变沿全周分布较均匀，当 $P_1 = 800\text{kN}$ 时，中间加劲肋在拱顶 16°出现最大环向压应变（$-43\mu\varepsilon$），约为屈服应变限值的 3.0％，结构仍处弹性状态。

对比中间加劲环与顶部加劲环的环向应力分布形态，可以发现后者比前者的波动起伏变化更为明显，应力峰值更大，这也说明了靠近管片环缝接头处的加劲环更能发挥其对钢内衬的约束加强作用。

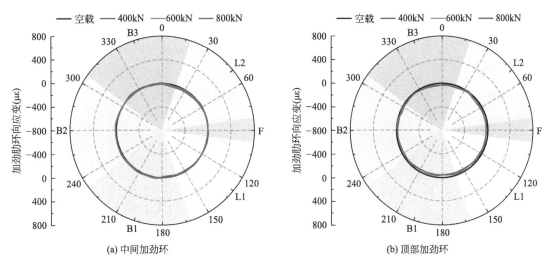

图 3-38　加劲肋环向应变分布雷达图（无内压）

如图 3-39 所示，在加载阶段 Ⅱ、内水压力达 0.5MPa 时，断面 Ⅰ 最大环向拉应变为 $+302\mu\varepsilon$（位于拱底 188°），断面 Ⅱ 为 $+300\mu\varepsilon$（位于拱顶 354°），两者均未超过屈服应变限值，内衬钢管仍有较大承载力。但随着内水压力等级的逐步提高，光纤因受挤压过大，导致光强信号受干扰严重，未能正常获取内压大于 0.5MPa 以后的内衬钢管应变数据。

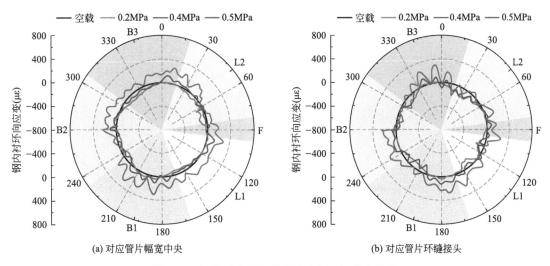

图 3-39　钢管环向应变分布雷达图（加载阶段 Ⅱ）

由图 3-40 可见，在加载阶段 Ⅱ、内压小于 0.6MPa 时，中层加劲肋环向应变较小且分布相对均匀；当内压达 0.6MPa 时，加劲肋环向应变明显增大，于左肩 320° 出现极值（$+237\mu\varepsilon$），占屈服应变限值的 16.5%。随着内压不断提高，加劲肋环向应变呈"膨胀"外扩特征，峰值逐渐增大，分布更加不均匀。其中，顶底峰值大，而两腰侧峰值小。

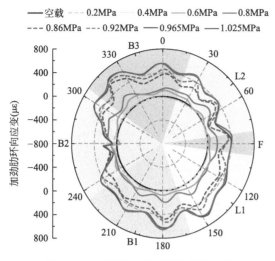

图 3-40　加劲环环向应变分布雷达图
（加载阶段Ⅱ）

在加载阶段Ⅲ、等效内压达0.965MPa时，加劲肋于拱肩322°出现应变极值（＋648με），达屈服应变限值的45.3％；当等效内压达1.025MPa时，加劲肋最大环向应变（＋732με）出现在拱肩311°，占屈服应变限值的51.1％，且呈继续增大趋势。

3.4.6　衬砌界面相对剥离量

由图3-41可发现，在正常服役阶段的不均匀外载作用下，自密实混凝土-管片、钢管-自密实混凝土两个界面大部分区域均呈现挤压状态，前者在拱顶、左趾尤为明显，后者则在拱顶、右趾更为明显；两个界面的剥离均主要发生在结构右半区域，尤其是结构右腰部位。随着外载逐级增大，两个界面的剥离量稍有增长，但曲线变化不明显，当外载 P_1 达到800kN时，管片-自密实混凝土界面在右腰90°出现最大剥离量（＋0.102mm），在左趾225°出现最大挤压量（－0.104mm）；钢内衬-自密实混凝土界面在右腰90°出现最大剥离量（＋0.06mm），在右趾135°出现最大挤压量（－0.145mm）。

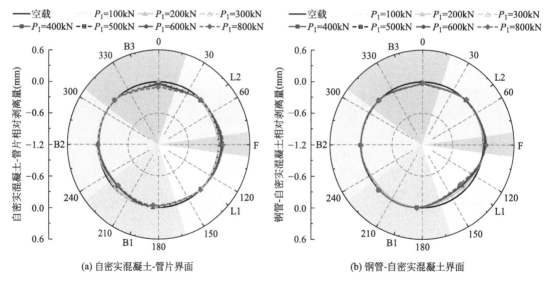

(a) 自密实混凝土-管片界面　　　　　　(b) 钢管-自密实混凝土界面

图 3-41　不同外载作用下衬砌界面相对剥离量

由图3-42可知，随着内压等级逐渐提升，自密实混凝土-管片界面的剥离主要发生在左趾区域。当内压达到0.6MPa时，左趾225°处的剥离量达＋0.223mm；当内压达到0.8MPa时，最大剥离量为＋0.224mm，出现在左趾225°，最大挤密量为－0.259mm，出现在拱顶0°。

随着内压等级逐渐提升，钢管-自密实混凝土界面的剥离同样主要发生在左趾区域，而界面挤密主要发生在右腰 90°区域。当内压达到 0.6MPa 时，左趾 225°处的剥离量达到 +0.246mm，此时右腰 90°的挤密量为 −0.359mm；在后续的内压充放循环中，最大剥离量为 +0.417mm，出现在左趾 225°，最大挤密量为 −0.904mm，出现在右腰 90°。

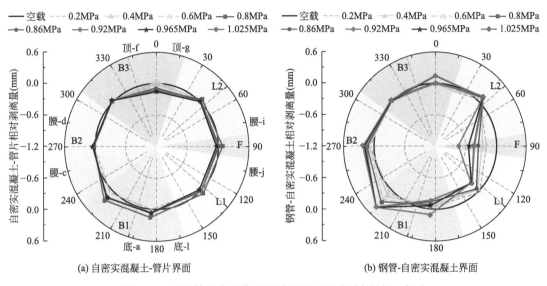

图 3-42 不同等级内压作用下衬砌界面相对剥离量统一提法

3.5 数值分析

钢内衬联合承载结构要求各层衬砌材料之间紧密结合，以实现联合承载作用，充分发挥管片、自密实混凝土的力学性能，从而降低钢管的内压分担比例。其中，衬砌结构的联合承载特性与钢管-自密实混凝土界面及自密实混凝土-管片界面的力学性能密切相关。受限于试验条件，足尺模型试验未能探讨不同界面行为对钢内衬结构联合承载性能的影响，需借助数值模拟技术加以探讨。

根据前期试验研究成果，虽然钢管焊接栓钉可提高钢管-自密实混凝土极限承载力，一定程度上抑制自密实混凝土裂缝发展，但考虑到实际工程中钢管布置栓钉增加施工难度并造成钢管防腐涂层的破损，建议在工程应用中不设置栓钉。因而，本节采用三维有限元模型探讨自密实混凝土-管片界面对结构在不同内水压力下的承载性能影响，选取无处理的自然界面、环氧乳液和高浓度佳固士三种代表性界面处理方式，揭示衬砌结构在不同界面处理方式下的联合承载和变形规律。

3.5.1 三维有限元模型

1. 有限元网格

按照足尺模型试验构件的几何尺寸建立三维有限元模型，如图 3-43 所示，其中，钢管未设置栓钉；管片及自密实混凝土采用实体单元，钢管及加劲环采用壳单元，连接螺栓以杆单元形式嵌入管片单元，模型共计 32848 个单元和 43128 个节点。

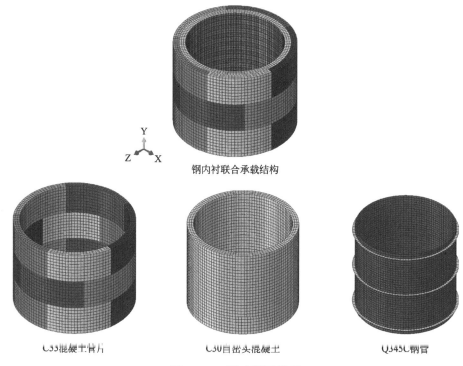

图 3-43　三维有限元模型

2. 模型参数

管片采用 C55 混凝土，环向受力主筋为 HRB400，连接螺栓型号为 A4-70；中衬采用 C30 自密实混凝土；钢管和加劲环采用 Q345C。其中，混凝土材料采用非线性损伤模型，钢材采用 von Mises 模型，主要力学参数见表 3-7。

材料主要力学参数　　　　　　　　　　　　　　　　表 3-7

材料	抗拉/压强度（MPa）	弹性模量（GPa）	极限强度（MPa）	屈服强度（MPa）
C50	2.74/35.5	35.5	—	—
C30	2.01/20.1	30.0	—	—
螺栓	—	206	700	450
钢筋	—	200	540	400
钢管及加劲环	—	206	470	345

3. 界面定义

数值模型包括钢管-自密实混凝土和自密实混凝土-管片两个界面，均设置为面面接触：法向为硬接触，切向为摩擦接触。前者的摩擦系数为 0.80，后者涉及自然界面、环氧乳液及高浓度佳固士三种界面处理方式，对应的摩擦系数分别为 0.50、0.65 及 0.80[15]。

4. 约束条件与加载方式

为确保计算的收敛性，模型的左右拱腰处约束 Y、Z 向位移，拱顶、底处约束 X、Z 向位移，底端约束 Y 向位移。

为准确模拟衬砌内外压联合作用下的变形模式，在施加内压之前，按足尺模型试验外压加载方式施加外部水土压力；在钢管内表面按 0.05MPa 逐步施加内水压力。

3.5.2　界面处理方式对衬砌结构联合承载特性的影响

通过界面平均接触压力折算各层衬砌材料内压分担量[16,17]：

（1）管片：内压作用前后自密实混凝土-管片界面平均接触压力的变化量；

（2）自密实混凝土：内压作用前后自密实混凝土-管片界面平均接触压力变化量与钢管-自密实混凝土界面平均接触压力变化量之差；

（3）钢管：内压与管片及自密实混凝土分担内压之差。

其中，各层衬砌所分担的内压与总内压的比值为该层衬砌的内压分担比例。

由数值计算结果不难发现，随着内压的增大，涂抹自然界面、环氧乳液界面及高浓度佳固士界面的衬砌结构分别于内压为 0.25MPa、0.45MPa 及 0.45MPa 时在自密实混凝土层出现细微裂缝，自密实混凝土及管片的内压分担比例随即下降并趋于稳定，钢管内压分担比例上升，如图 3-44 所示。可见，提高自密实混凝土-管片界面粘结强度，可增强管片、

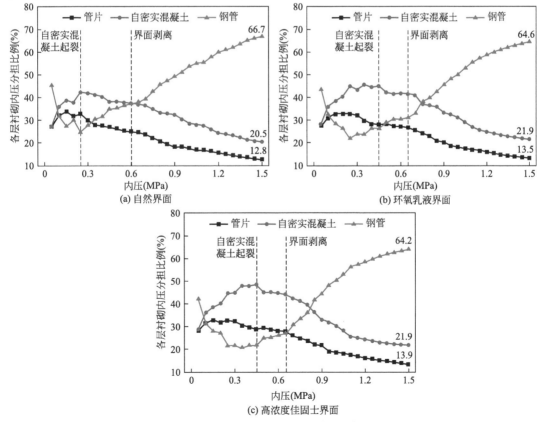

图 3-44　各层衬砌的内压分担比例

自密实混凝土及钢管三者的变形协调能力，有效保持管片对自密实混凝土的约束，延缓自密实混凝土的开裂。

随着内压持续增加，三种界面分别于内压为 0.60MPa、0.65MPa 及 0.65MPa 时发生剥离。此后，管片及自密实混凝土分担的内压值均趋于稳定，如图 3-45 所示，对应的内压分担比例加速下降，钢管内压分担比例则加速增长。相比于采用自然界面的衬砌结构，采用粘结性能更好的环氧乳液界面及高浓度佳固士界面的衬砌结构，由于界面剥离前自密实混凝土自身承担的内压更大，故当界面发生剥离后，自密实混凝土裂缝快速扩展，导致其内压分担比例的下降速率大，使得钢管的内压分担比例亦急剧增长。

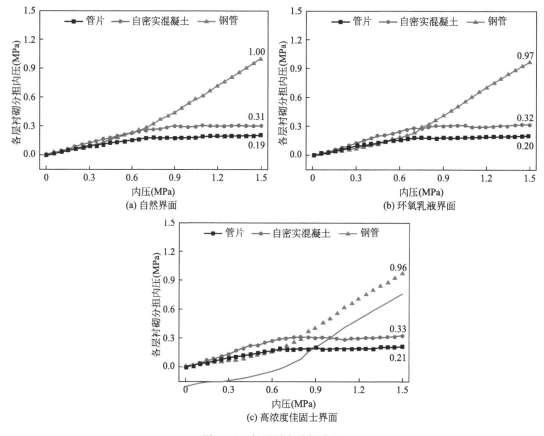

图 3-45　各层衬砌分担内压

值得注意的是，当内压为 0.30～0.90MPa 时，与采用自然界面的衬砌结构相比，采用环氧乳液或高浓度佳固士界面可降低钢管内压分担比例。当内压达 0.45MPa 时效果最为显著，环氧乳液界面降低 8.3%，高浓度佳固士界面降低 12.7%，如图 3-45 所示。当内压达 0.90MPa 时，三种处理方式下的自密实混凝土-管片界面均出现多处明显剥离，最大相对剥离量分别为 0.52mm、0.24mm 及 0.37mm，如图 3-46 所示。当内压为 0.90～1.50MPa 时，三种界面处理方式下各层衬砌的内压分担比例相近。可见，当"管片-自密实混凝土"界面发生一定程度的剥离后，衬砌内压分担比例对该界面处理方式的敏感性显著降低。

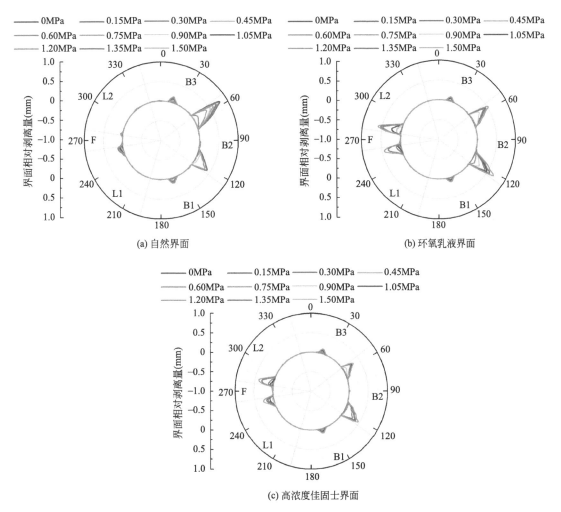

图 3-46　自密实混凝土-管片界面相对剥离量

立足于珠江三角洲水资源配置工程的设计要求，衬砌结构最大设计内压为 1.3MPa。从降低钢管内压分担比例的角度而言，工程设计内压值已超过环氧乳液及佳固士等界面剂发挥优势的内压范畴。此外，长距离输水隧洞全断面涂抹界面剂工作量巨大，且管片内表面涂抹界面剂后，尚需面临钢管安装、自密实混凝土泵送等工序，无法确保界面剂粘结效果。因此，综合考虑结构承载机理、施工便捷性及界面剂性能等，建议实际工程不涂抹界面剂。

3.5.3　衬砌结构承载变形机理

综合前文足尺模型试验及数值分析的结果，建议实际工程采用钢管-自密实混凝土界面不布置栓钉、自密实混凝土-管片界面不涂抹界面剂的方案。基于上述结构方案，开展衬砌结构数值计算分析，揭示钢内衬联合承载结构受力变形规律，计算条件同 3.5.1 节。

1. 接缝张开量

由数值仿真计算结果（图 3-47）可见，接缝张开量随内压的增加而增大，且拱腰附近的接缝变化显著。当内压小于 0.30MPa 时，接缝变形皆不明显；当内压达 0.75MPa 时，拱腰附近的接缝张开量骤然增长；当内压达 1.50MPa 时，最大接缝张开量出现在 B2-B3 接缝处（1.8mm），尚未超过规范限值[14]，具有一定安全储备。数值仿真与足尺模型试验结果（图 3-30）具有相似的变化趋势，但前者位于对称部位的接缝张开量更为接近，而试验并未呈现。区别于数值模型钢管左右体型的对称性，足尺模型试验在钢管右半区域布置栓钉，体型的非对称性造成了衬砌结构的非对称力学响应。

2. 螺栓应力

螺栓应力随内压的发展趋势如图 3-48 所示。随着内压的提高，所有螺栓均呈现拉应力增大的趋势，且对称位置的螺栓应力相近，发展趋势与接缝张开量保持一致。当内压小于 0.30MPa 时，螺栓应力变化不明显；当内压超过 0.30MPa 时，螺栓应力迅速增长；当内压达到 1.50MPa 时，最大螺栓应力出现在 B2-B3 接缝处，为 394.6MPa，未超过螺栓抗拉强度设计值。

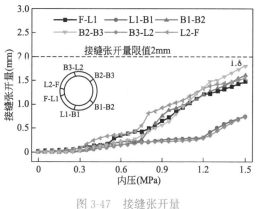

图 3-47　接缝张开量

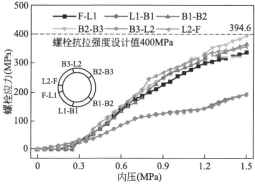

图 3-48　螺栓应力

在足尺模型试验中，仅 B1-B2 接缝处螺栓应力随内压显著增长，其余螺栓应力变化并不明显（图 3-32a）。受限于试验螺栓埋设光纤方式，足尺模型试验测量结果仅反映局部应力分布。当管片出现正负弯矩时，螺栓（特别是弯螺栓）内外侧应力差异大，测量结果存在较大误差。因而，数值结果更能真实反映螺栓的整体应力情况。

3. 钢管环向应变

如图 3-49 所示，在内压加载之前，衬砌结构在外压作用下呈现横椭圆变形，钢管的拱顶及仰拱区域呈现拉应变，左、右拱腰区域呈现压应变。随着内压增大，钢管整体呈现向外膨胀受拉趋势，且环向应变分布趋于均匀。当内压达 1.50MPa 时，钢管最大环向拉应变为 $816\mu\varepsilon$，钢管仍处于弹性阶段。鉴于数值模型未考虑栓钉布置，计算结果相较于试验测量结果（图 3-39a）更对称。

4. 加劲环环向应变

如图 3-50 所示，无内压工况下，加劲环呈现横椭圆变形，拱顶及仰拱区域呈拉应变，左、右拱腰呈压应变；随着内压增大，加劲环呈现整体向外膨胀受拉趋势。当内压超 0.30MPa 时，拱腰区域的外压较小，该区域的拉应变增长显著。当内压达 1.50MPa 时，加劲环整体处于弹性阶段，最大环向应变为 $1188\mu\varepsilon$，出现在 F-L1 接缝区域。与钢管环向应变类似，加劲环环向应变数值仿真结果相对测量结果（图 3-40）更对称。

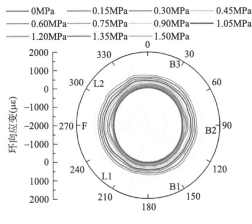

图 3-49　钢管环向应变

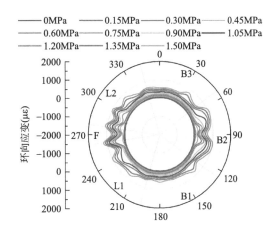

图 3-50　加劲环环向应变

5. 自密实混凝土-管片界面相对剥离量

如图 3-51 所示，当内压小于 0.60MPa 时，自密实混凝土-管片界面几乎无相对剥离量，管片与自密实混凝土粘结紧密；当内压达 0.60MPa 时，B2-B3 接缝处剥离量激增，为 0.13mm；随着内压增大，此处剥离量持续增大；当内压达 1.05MPa 时，B2-B3 接缝处出现界面最大剥离量，为 0.80mm，剥离范围对应弧长约为 0.35m，该区域与最大张开量的接缝相对应。对于出现较大剥离的区域，管片对自密实混凝土的约束能力降低，当内压超 1.05MPa 时，该区域自密实混凝土仍能协同钢管发生径向扩张，剥离量逐渐减小。内压加载过程中，界面剥离量主

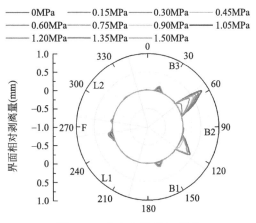

图 3-51　自密实混凝土-管片
界面相对剥离量

要出现在拱顶、仰拱区域及管片接缝处，该现象与结构的横椭圆变形趋势相关。

在足尺模型试验中，经历多次内压充放循环后，未设置栓钉区域的自密实混凝土-管片界面剥离情况明显较设置栓钉区域的严重（图 3-42a）。数值模型在钢管全周未设置栓钉，界面剥离量数值计算结果相对测量值偏大，与试验现象相符。

3.6 小结

在正常外载条件下以及内压不足 0.6MPa 时，联合承载衬砌结构处于弹性工作状态，表明结构设计满足正常使用要求。当内压达 0.6MPa 时，自密实混凝土层开始产生宏观裂缝。随内压不断变化，"管片-自密实混凝土-钢管"衬砌结构呈现出连续性破坏特征，经历弹性、弹塑性及破坏三个主要阶段。

钢管在纵向刚度上存在差异，为减小钢管环向应变在不同纵向断面的差异，可考虑将钢管外壁的加劲肋加密。在内压加载全过程中，外衬管片未出现宏观裂缝，接头张开量、椭圆收敛变形均未超过规定限值。

在未考虑地层抗力等有利因素的情况下，当内压达 1.50MPa 时，基于钢管不布置栓钉和管片内侧不涂抹界面剂的方案，钢内衬结构仍具有足够的安全储备，能够满足工程内压承载需求。

参考文献

[1] 章青，卓家寿.盾构式输水隧洞的计算模型及其工程应用 [J].水利学报，1999，12(2)：19-22.

[2] 张厚美，过迟，吕国梁.盾构压力隧洞双层衬砌的力学模型研究 [J].水利学报，2001，8(4)：28-33.

[3] 佘成学，张龙.管片衬砌承担高内水压力的可行性分析 [J].岩石力学与工程学报，2008，27(7)：1442-1442.

[4] Yang F，Cao S R，Qin G. Mechanical behavior of two kinds of prestressed composite linings：A case study of the Yellow River Crossing Tunnel in China [J]. Tunnelling and Underground Space Technology，2018，79：96-109.

[5] 何英杰，张述琴，吕国梁.穿黄隧道内外衬联合受力结构模型试验研究 [J].长江科学院院报，2002，19(S1)：64-67.

[6] Guo R，Zhang M，Xie H，et al. Model test study of the mechanical characteristics of the lining structure for an urban deep drainage shield tunnel [J]. Tunnelling and underground space technology，2019，91：103014.

[7] 闫治国，彭益成，丁文其，等.青草沙水源地原水工程输水隧道单层衬砌管片接头荷载试验研究 [J].岩土工程学报，2011，33(9)：1385-1390.

[8] 彭益成，丁文其，沈碧伟，等.输水隧道单层衬砌管片接头抗弯力学特性研究 [J].地下空间与工程学报，2013，9(5)：1065-1069，1108.

[9] 周龙，闫治国，朱合华，等.深埋排水盾构隧道钢纤维混凝土高刚性接头受力特性试验研究 [J].建筑结构学报，2020，41(4)：177-183，190.

[10] 柳献，赵佶彬，陶静，等.输水盾构隧洞管片环缝抗剪机制试验研究——以三门核电站取排水隧洞为例 [J].隧道建设(中英文)，2022，42(10)：1703-1711.

[11] Arnau O，Molins C. Three dimensional structural response of segmental tunnel linings [J]. Engineering Structures，2012，44(6)：210-221.

[12] 中华人民共和国国家质量监督检验检疫总局. 电弧螺柱焊用圆柱头焊钉：GB/T 10433—2002 [S].
北京：中国标准出版社，2002.

[13] Shi B，Xing W. The Monitoring of Segments Dislocation Deformation in Shield Tunnel Based on BOF-DA [C]. International Congress and Exhibition Sustainable Civil Infrastructures：Innovative Infrastructure Geotechnology，2017：222-232.

[14] 中华人民共和国住房和城乡建设部. 盾构隧道工程设计标准：GB/T 51438—2021 [S]. 北京：中国建筑工业出版社，2021.

[15] Ali A. Semendary，Waleed K. Hamid，Eric P. Steinberg，Issam Khoury. Shear friction performance between high strength concrete (HSC) and ultra high performance concrete (UHPC) for bridge connection applications [J]. Engineering Structures，2020，205：110122.

[16] 孙明社，马涛，申志军，等. 复合式衬砌结构中衬砌分担围岩压力比例的研究 [J]. 岩土力学，2018，39(S1)：437-445.

[17] 周建，杨新安，蔡键，等. 深埋隧道复合式衬砌承载规律及其力学解答 [J]. 岩石力学与工程学报，2021，40(5)：1009-1021.

第4章 钢内衬结构原位试验与数值分析

现有研究主要通过室内模型试验和数值模拟，探讨钢内衬结构的承载与变形机理。但受条件制约，室内试验在结构尺寸、内水压力模拟、外部水土荷载施加等方面需要进行简化与等效，难以真实表征结构在内水压力作用下的力学响应，一定程度上影响了理论分析和数值计算的可靠性。

为了弥补上述研究的局限性，本章依托珠江三角洲水资源配置工程，提出一种基于"高压囊体-反力支架-伺服泵机"装置的内压模拟方式，并采用光纤传感技术与振弦式仪器相结合的测量系统，对压力输水盾构隧洞钢管衬砌结构开展原位试验研究。通过对比分析钢管分开承载衬砌，揭示了联合承载结构在真实地层条件下承受内压的受力变形规律。在此基础上，采用三维有限元模型对不同围岩条件下两种衬砌结构的内压承载变形特性开展进一步的分析，为长距离高压输水工程衬砌结构选型设计提供参考与借鉴。

4.1 输水盾构隧洞结构试验

4.1.1 试验概况

原位试验段位于珠江三角洲水资源配置工程深圳分干线公明水库附近，隧洞线路下穿公明水库 4 号主坝左坝肩进入水库，设计输水流量为 30m³/s，盾构隧洞外径为 6.0m，内径为 4.8m，流速为 1.66m/s。原位试验段同时开展了工艺性试验和结构性试验。其中，GM11+530～GM11+869 为结构性试验段，共长 339m；GM11+625～GM11+694 为加载区间，进行高内压盾构输水隧洞原位试验，共长 69m。

加载区间设置 4 组盾构衬砌结构试验，结构形式分别为单层衬砌、钢筋混凝土内衬、钢内衬分开及联合承载结构，每组共计 10 环管片，长度为 15m，各组采用两环管片间隔，如图 4-1 和图 4-2 所示。其中，钢内衬试验里程位于 GM11+661～GM11+694，长度为 33m，洞深为 10～35m，坡度为 5‰，纵剖面如图 4-3 所示，该区域地层自上而下主要由人工填土、粉质黏土、全/微风化花岗片麻岩组成，隧洞位于全风化花岗片麻岩中。

钢管衬砌结构共含三层——外衬由 3 块标准块（B1～B3）、2 块邻接块（L1～L2）和 1 块封顶块（F）组成，管片外径为 6.0m、内径为 5.4m、环宽为 1.5m；采用 C55 混凝土（弹性模量为 35.3GPa），管片内外侧设置 HRB400 环向受力筋（12Φ18），采用 M24 弯螺栓（A4-70 级）；内衬钢管采用 Q345C（弹性模量为 206GPa），直径为 4.8m，壁厚为 14mm，外侧设置加劲环（高 120mm，宽 20mm，间距 2m）。内外衬之间填充 C30 自密实混凝土，参考第 2 章研究成果，制备自密实混凝土和壁后注浆材料，材料配合比及性能列于表 4-1 和表 4-2。

(a) 单层管片衬砌结构

(b) 管片-钢筋混凝土联合承载结构

(c) 管片-自密实混凝土-钢管分开受力结构

(d) 管片-自密实混凝土-钢管联合承载结构

图 4-1 隧洞结构形式示意

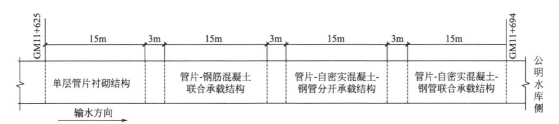

图 4-2 原位试验区间划分

	密度(g/cm³)	压缩模量(MPa)	渗透系数(cm/s)
人工填土	2.03	4.18	6×10^{-8}
粉质黏土	1.98	4.90	9×10^{-7}
花岗片麻岩	1.97	6.46	1×10^{-6}

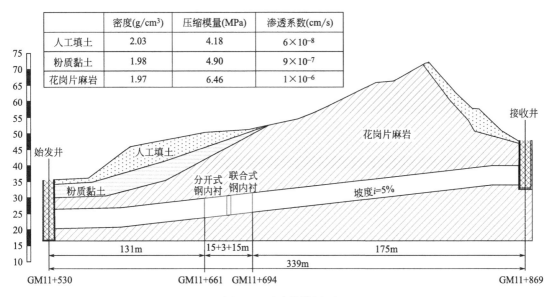

图 4-3 试验段纵剖面

自密实混凝土配合比及性能　　　　　　　　　　表 4-1

砂率 （%）	水灰比	粉煤灰 （%）	减水剂 （%）	坍落度 （mm）	VF(s)	f_c(MPa)	弹性模量 （GPa）
45	1.2	50	1.6	665	7.65	36.8	30

注：VF 为在 V 形漏斗试验中，自密实混凝土全部流出所需时间；f_c 为混凝土轴向抗压强度。

壁后注浆材料配合比及性能　　　　　　　　　　表 4-2

流动性 （mm）	2h 流动性 损失（mm）	稠度 （mm）	2h 稠度损失 （mm）	终凝时间 （h）	3d 抗压强度 （MPa）
160～280	≤40	100～130	≤20	3～10	≥0.5

联合式衬砌的钢管外侧焊接栓钉，按《电弧螺柱焊用圆柱头焊钉》GB/T 10433—2002[1]规定，栓钉选型为 13mm×120mm，纵向间距 400mm，环向间距 350mm；自密实混凝土和钢管通过栓钉-加劲环综合的柔性-刚性耦合布置方式实现联合承载，如图 4-4 所示。而在分开式衬砌结构中，钢管未焊接栓钉，沿管片内侧布设垫层（上部 240°圆周），实现管片和钢管分开承载，如图 4-5 所示。其中，垫层由厚度为 10mm 的凸壳型排水板和厚度为 5mm 的聚乙烯泡沫板组成，凸壳排水板低温弯折无裂纹，泡沫板硬度（C 型）为 40～60 邵尔 A 度，压缩永久变形≤3%。

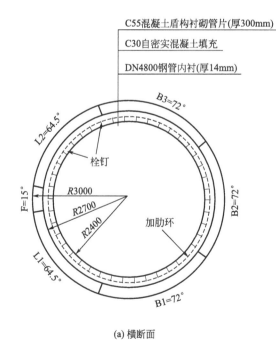

C55混凝土盾构衬砌管片(厚300mm)
C30自密实混凝土填充
DN4800钢管内衬(厚14mm)

(a) 横断面

(b) 带栓钉的钢管

(c) 钢管内部

图 4-4　联合承载结构

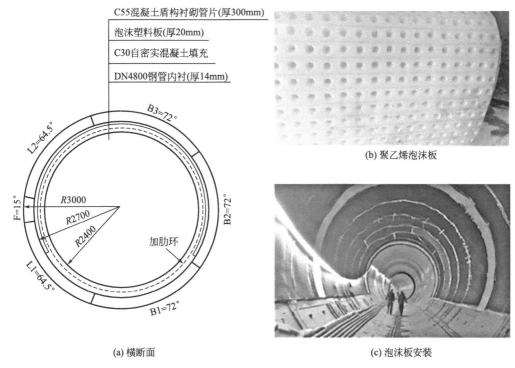

C55混凝土盾构衬砌管片(厚300mm)

泡沫塑料板(厚20mm)

C30自密实混凝土填充

DN4800钢管内衬(厚14mm)

(a) 横断面

(b) 聚乙烯泡沫板

(c) 泡沫板安装

图 4-5　分开承载结构

4.1.2　内压加载系统

为了尽可能地模拟隧洞正常工作状态下衬砌法向面荷载的内水压力、确保洞内试验安全和加载效率，本试验专门设计一套"高压囊体-反力支架-伺服泵机"系统模拟内水压力，如图 4-6 所示。采用 16 路精准加压伺服系统控制洞内水压力，通过在隧洞内部安置高强度内撑钢管作为反力支架（钢管直径 4256mm，长 6m，材质 Q355C，壁厚 28mm），内置环向加劲环和型钢内撑，按环向间隔 30°布置。在钢反力钢架与内衬钢管之间全周均匀布置 12 个特制柔性囊体，每个特制囊体由超高分子量聚乙烯纤维、芳纶纤维等高强纤维及多层橡胶蒙皮材料组成，两端为扁平头枕形，满水状态下长 5.0m，宽 1.0m，厚 0.3m，最大耐压 1.8MPa，注水加压口径采用 DN25。囊体内部注满水时可通过舒展膨胀充满反力钢架与内衬钢管的间隙，从而向内衬钢筋混凝土提供法向压力，模拟隧洞衬砌承担的内水压力。12 个囊体同时注满水用水量约达 22m^3。

选取区间中心断面作为本次试验目标环，将试验采用的注水与加压系统、相关控制阀仪表或传感器、接口等集成于同一泵站中。其中，大流量注水泵用于快速注水与排水，低流量加压泵可按要求加压，先导式溢流阀用于调压。鉴于试验区间后续将应用于实际工程，需确保结构安全和正常使用，本次试验将最大内压设置为 0.75MPa，以 0.05MPa 为梯度逐级加载。每个加载等级稳压 30min，加载完毕后再进行囊体泄压，每组试验内压加卸载循环 3 次。

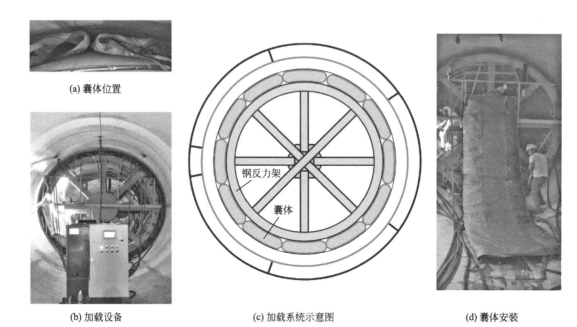

(a) 囊体位置

(b) 加载设备　　　　　　　　(c) 加载系统示意图　　　　　　　　(d) 囊体安装

图 4-6　内压加载系统

4.1.3　监测方案

区别于室内模型试验，现场原位试验的操作环境更加复杂，监测难度更大。为实现复杂环境下大尺度衬砌结构变形和承载规律的测量，原位试验在使用传统振弦式传感器的基础上，广泛采用分布式光纤感测技术，如图 4-7 所示。监测内容主要包括螺栓应力、接缝张开量、钢筋应力、混凝土应变、钢管应变等，传感器布置及监测方案见图 4-8 和表 4-3。

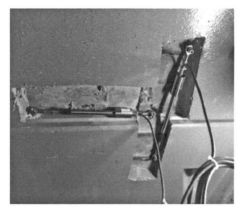

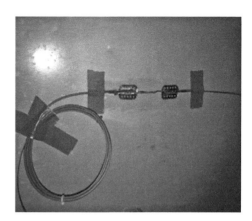

(a) 测缝计　　　　　　　　　　　　　　(b) 贴片式应变计

图 4-7　监测传感器（一）

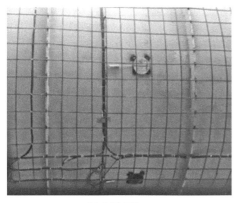
(c) 土压力计

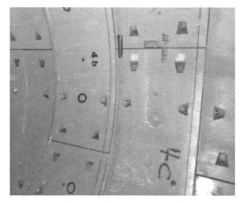
(d) 玻璃丝布应变感测光缆

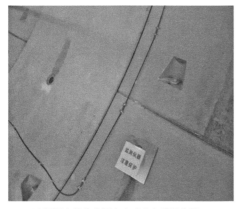
(e) 混凝土结构专用定点式应变感测光缆

(f) 碳纤维布复合基应变感测光缆

图 4-7　监测传感器（二）

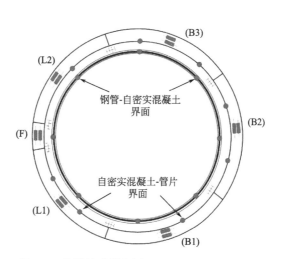

图 4-8　监测传感器布置

　　加载阶段进行传统监测仪器和光纤光栅传感器的自动化采集，稳压阶段进行分布式感测光缆的人工采集，现场测试平台如图 4-9 和图 4-10 所示。

监测方案　　　　　　　　　　　　　　　　表 4-3

	传感器种类	测量精度	安装位置	测量内容	部件数量
传统 传感器	应力计(振弦式)	0.01MPa	管片跨中	钢筋应力	12
	接头位移计(振弦式)	0.001mm	管片接缝的内表面	管片接缝张开量	6
	土压力计 (振弦式/差动电阻)	0.1kPa	管片内表面	自密实混凝土-管片 界面接触应力	8
光纤 传感器	分布式光纤传感器	0.1με	自密实混凝土内表面	自密实混凝土环向应变	15m
	分布式光纤传感器	0.1με	钢管外表面(双圈)	钢管环向应变	30m
	土压力计 (光纤光栅式)	0.1kPa	钢管外表面 (每45°放置一个)	钢管-自密实混凝土界面 接触应力	8

(a) 振弦及差阻式采集　　　　　　　　(b) 自动采集箱

图 4-9　振弦及差阻式仪器采集系统

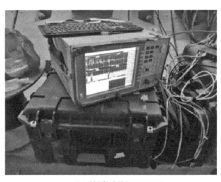 

(a) 单端采集(BOTDR)　　　　　　　(b) 双端(BOFDA)及FBG采集

图 4-10　光纤光栅及分布式光缆采集系统

4.2　试验结果

4.2.1　管片钢筋应力

图 4-11 为加载过程中两种钢内衬结构中的管片钢筋应力变化曲线。可见，两者钢筋

应力变化趋势相似，拉应力均呈线性增长。当内水压力增至 0.75MPa 时，钢筋最大应力值位于底拱（B1）处，其次是右拱腰（B2）和左拱腰（L1），其余位置增量较小。

对于联合承载结构（图 4-11a），底拱、右拱和左拱处钢筋最大应力分别为 8.0MPa、4.4MPa 和 4.0MPa，其余位置钢筋最大应力为 1.9MPa。对于分开承载结构（图 4-12b），底拱、右拱和左拱处钢筋最大应力分别为 7.0MPa、1.4MPa 和 2.3MPa。其余位置钢筋最大应力为 0.3～0.4MPa。除底拱外，分开承载结构中钢筋的应力明显低于联合承载结构的应力。前者右拱、左拱和其余部分的钢筋最大应力分别比后者低 68.1%、42.5% 和 78.9%，表明上部 240° 铺设垫层区域的拉伸应力显著降低。根据偏心短柱理论，钢筋应力与内力变化呈正相关[2]。因此，铺设垫层区域的管片钢筋应力小于未铺设垫层区域的应力。此外，对于这两种结构，拱底应力均大于拱顶应力。

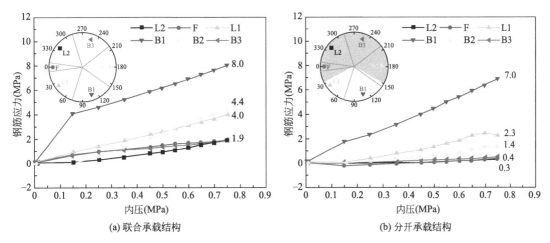

(a) 联合承载结构　　　　　　　　　　(b) 分开承载结构

图 4-11　管片钢筋应力变化曲线

4.2.2　管片接缝张开量

对于盾构隧道而言，管片接缝张开量是一个重要参数，可直接反映接头刚度及管片的防水性能[3-5]。两种钢内衬结构在内压加载过程中的接缝张开量变化如图 4-12 所示。随着内水压力的不断增加，管片接缝均呈现整体张开趋势。拱顶处的接缝张开量较大，而拱底处较小。

在联合承载结构中，张开量最大的接缝位于 B3-L2 接头，张开量为 0.21mm，而其余接缝张开量不足 0.05mm。在分开承载结构中，张开量最大的接缝位于 B3-L2 接头，张开量为 0.09mm，而其余接缝张开量不足 0.05mm。从变化趋势来看，这两种结构表现出一致性，即 B3-L2 接头的开口量在 0.15～0.75MPa 阶段呈线性增加，而其他接头的张开量基本不变。就数量而言，分开承载结构中 B3-L2 接头张开量比联合承载结构小 57.1%，其余部分略有减少。

可见，垫层可以减少管片接头在内部压力作用下的变形。此外，两个钢内衬结构的最大接缝张开量均位于 B3-L2 接缝处。根据第 4.2.1 节中管片钢筋应力结果，两个结构中的管片在拱顶处具有相对较低的应力和较高的接缝张开量，但在拱底处具有较高应力和较小的接缝张开量，在承受内压的复合衬砌亦出现类似的现象[6]。

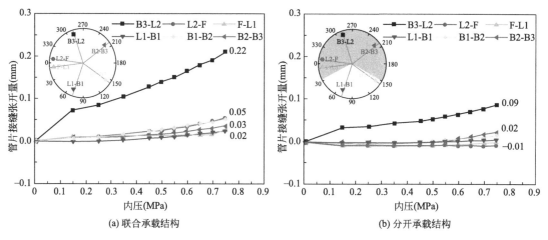

(a) 联合承载结构   (b) 分开承载结构

图 4-12　管片接缝张开量变化曲线

4.2.3　自密实混凝土应变

内压加载过程中自密实混凝土的环向应变如图 4-13 所示。可见，自密实混凝土随内压的增加呈现向外拉伸的趋势。

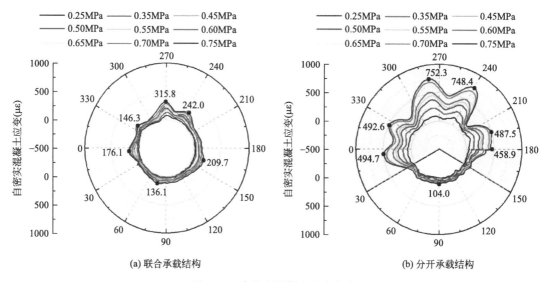

(a) 联合承载结构   (b) 分开承载结构

图 4-13　自密实混凝土环向应变

对于联合承载结构（图 4-13a），拉应变显著增加，并主要集中于拱顶处。当内压达 0.35MPa 时，自密实混凝土首先超过极限拉应变（$+95\mu\varepsilon$），并在拱顶附近（270°）出现裂纹。当内压增至 0.75MPa 时，平均环向应变约为 $142.9\mu\varepsilon$。

对于分开承载结构（图 4-13b），拉应变显著增加的区域主要分布于铺设垫层区。当内压达 0.25MPa 时，自密实混凝土首先超过极限拉应变（$+95\mu\varepsilon$），并在拱顶附近（240°）出现裂纹。当内压增至 0.75MPa 时，自密实混凝土在垫层覆盖区应变较大，最大应变发生在拱顶附近（280°），约为+752.3με，比联合承载结构大 258.1%。

在钢内衬联合承载结构足尺模型试验中，自密实混凝土在内压为 0.60MPa 时发生开裂（详见图 3-27）；而在本次原位试验中，两种钢内衬结构自密实混凝土分别在内压为 0.25MPa 和 0.35MPa 时发生开裂。一方面，受限于室内试验的装置设计与实施条件，足尺模型试验未能模拟再现真实围岩条件下地层抗力，造成结构变形模式的差异；另一方面，相对于原位试验长距离混凝土泵送的复杂性，室内试验更易控制自密实混凝土浇筑密实性，提高构件制作质量。

当内压达 0.75MPa 时，两种钢内衬结构的自密实混凝土在 0°、180°、240°、270°和 330°附近出现极限拉应变，表明此处可能出现贯穿裂纹。从应变量值来看，分开承载结构的自密实混凝土在 30°~150°区域的应变与其他区域差异较大，即铺设垫层区域的自密实混凝土拉应变显著增大，而未铺设区的拉应变则略有增大。在 0.75MPa 的内压下，铺设垫层区域的自密实混凝土平均应变为+426.5με，相比该结构未铺设区（+108.1με）增大近 294.5%，同时，相比联合承载结构平均应变增大近 268.9%。鉴于拱顶易出现脱空、混凝土浇筑欠密实等问题，此处刚度不及拱底。因此，两种钢内衬结构在拱底自密实混凝土应变相对拱顶较小。

4.2.4 钢管应变

布置于监测段钢管外弧面的碳纤维布应变传感光缆采用双回路分布式，选取同角度的双回路应变监测数据的平均值作为该位置的应变监测值，得到钢管环向应变分布如图 4-14 所示。

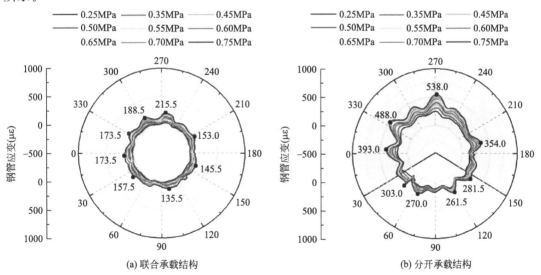

图 4-14 钢管环向应变

对于联合承载结构，当内压达 0.75MPa 时，拱顶附近（265°）的钢管最大应变为+215.5με，平均值为+132.8με。对于分开承载结构，当内压达 0.75MPa 时，钢管最大应变发生在拱顶 270°附近（+538με）。垫层铺设区钢管平均应变为+324.3με，而未铺设区约为+204.6με。

与联合承载结构相比，分开承载结构中钢管应力明显更高。在0.75MPa的内压下，分开承载结构铺设垫层区内钢管的平均拉应力相比联合承载结构增加144％，最大拉应力增加150％。铺设垫层将削弱从钢管传递至管片的内压，使得该区域钢管分担较大的内压。此外，在钢内衬分开承载结构中，钢管呈现出拱底应力水平较低的趋势，这是因为拱底未铺设垫层，整体刚度较大，结构在此处仍具有联合承载性能；因而，拱底处钢管所承受的压力小于其他区域。

4.2.5　界面接触应力

在这两种钢内衬结构中，8个土压力计均布于自密实混凝土-管片和钢管-自密实混凝土之间的交界面。除联合承载结构中的钢管-自密实混凝土界面1个土压力计失效外，其余土压力计均可正常测量内压加载过程中界面的接触应力。

从0.15~0.75MPa的加载阶段，联合承载结构中自密实混凝土-管片界面接触应力（图4-15a）沿圆周随着内压的增加而增大，拱底最为显著。除L1区外，钢管-自密实混凝土界面接触压力（图4-16a）逐渐增加，而左、右拱腰应力增大显著。对于分开承载结构，在加载过程中，自密实混凝土-管片（图4-15b）和钢管-自密实混凝土（图4-16b）界面接触应力仅在拱底B1处略微增大，其他区域的接触应力变化不足10kPa。

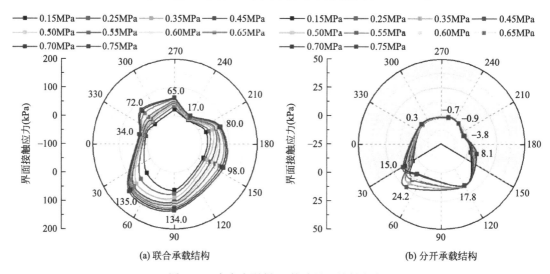

(a) 联合承载结构　　　　　　　　(b) 分开承载结构

图4-15　自密实混凝土-管片界面接触应力

此外，从总体变化来看，分开承载结构的两个界面接触应力明显小于联合承载结构，这表明分开承载结构中传递到管片和自密实混凝土的内压较小。垫层作为一种柔性结构，具有较大的变形能力，一定程度上阻隔内压进一步传递至管片，使得管片、自密实混凝土和钢管分别承受压力。自密实混凝土一旦开裂，内压主要由钢管承担。而在钢内衬联合承载结构中，内压由钢管、自密实混凝土和管片共同承担，管片相比垫层对自密实混凝土的约束作用更强。自密实混凝土开裂后仍能承受部分内压，并进一步利用管片分担内压。

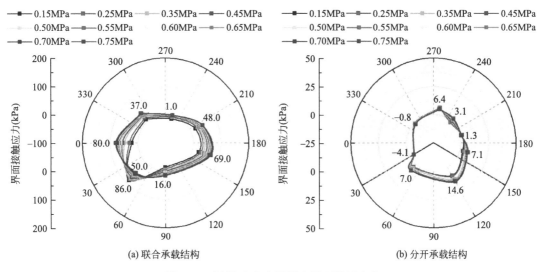

■ 0.15MPa	■ 0.25MPa	■ 0.35MPa	■ 0.45MPa
■ 0.50MPa	■ 0.55MPa	0.60MPa	■ 0.65MPa
■ 0.70MPa	■ 0.75MPa		

(a) 联合承载结构　　　　　　(b) 分开承载结构

图 4-16　钢管-自密实混凝土界面接触应力

值得指出的是，受限于仪器偏差、施工误差等不稳定因素，土压力计测量值出现一定程度的离散性，导致联合承载结构中 L1 区的自密实混凝土-钢管界面接触应力的测量值随着内压的增加而减小。

4.3　三维有限元模型

受限于洞内试验和现场监测的复杂性，原位试验仅针对单一地质条件下的衬砌结构开展较小内压加载测试，难以针对该衬砌结构开展系统研究，因此，本节基于数值仿真技术进一步探讨两种钢内衬结构在不同内水压力、围岩类型等条件下的承载变形机理。

针对上述两种钢管衬砌结构形式构建有限元模型（结构尺寸详见 4.1.1 节），如图 4-17 所示。为考虑管片错缝拼装的影响，数值模型建立了三环管片，选取中间环管片作为目标环。模型考虑了管片手孔、橡胶止水带、螺栓、自密实混凝土、钢管等，实体单元采用四

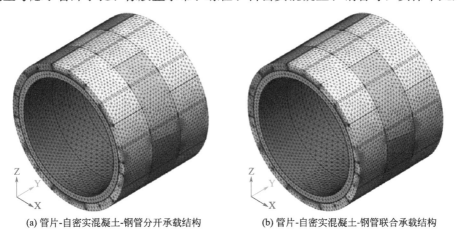

(a) 管片-自密实混凝土-钢管分开承载结构　　　　(b) 管片-自密实混凝土-钢管联合承载结构

图 4-17　隧洞衬砌整体有限元模型

面体网格，钢筋以杆单元嵌入管片中（图 4-18），忽略管片与钢筋的相对滑移。

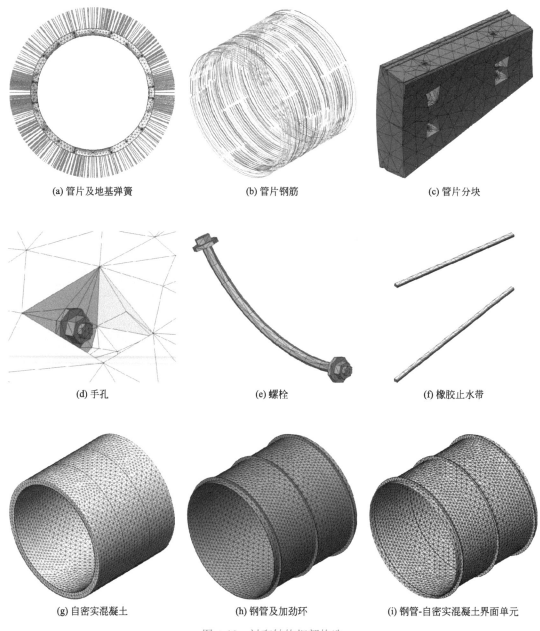

(a) 管片及地基弹簧　　　　　　　(b) 管片钢筋　　　　　　　(c) 管片分块

(d) 手孔　　　　　　　　　　(e) 螺栓　　　　　　　　(f) 橡胶止水带

(g) 自密实混凝土　　　　(h) 钢管及加劲环　　　　(i) 钢管-自密实混凝土界面单元

图 4-18　衬砌结构细部构造

4.3.1　材料本构

混凝土采用弥散式裂缝模型[7]，非线性软化曲线如图 4-19（a）所示；钢材采用 von Mises 双折线塑性强化模型，塑性加强段弹性模量为弹性段的 1/100[8]，本构曲线如图 4-19（b）所示。材料力学参数见表 4-4。

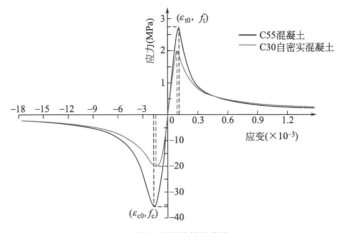

(a) 混凝土非线性软化曲线

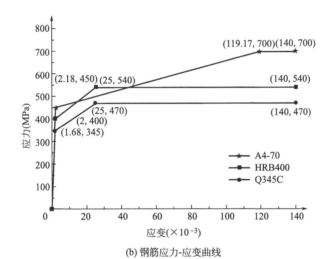

(b) 钢筋应力-应变曲线

图 4-19　材料本构模型

材料力学参数　　　　　　　　　　　　表 4-4

材料	重度 (kN/m³)	弹性模量 (GPa)	泊松比	抗压/抗拉强度 (MPa)	屈服强度 (MPa)	抗压/抗拉强度 (MPa)
C55 混凝土	25.0	35.5	0.20	35.5/2.74	—	—
C30 自密实混凝土	25.0	30.0	0.20	20.1/2.01	—	—
Q345C 钢材	78.5	206	0.30	—	345	470
HRB400 钢材	78.5	206	0.30	—	400	540
A4-70 钢材	78.5	206	0.30	—	450	700
垫层	14.0	1.5×10^{-2}	0.40	—	—	—

4.3.2　接触定义

管片块间和环间、管片与螺栓、管片与橡胶密封条、管片与自密实混凝土以及混凝土与垫层之间设置接触对模拟接触面的相互作用。法向上定义为"硬接触",相互之间可以传递压力,但不发生节点入侵。切向上服从库仑摩擦定律,即切应力达到临界极限值之前,接触面之间不发生相对滑移。参考相关文献[9-12]设置摩擦系数,其中,管片块间及环间界面设为 0.5,管片与螺栓、管片与橡胶密封条界面分别设为 0.5 和 0.75,管片与内层 C30 混凝土界面设为 0.75,混凝土与垫层界面设为 0.5。

此外,采用界面单元表征钢管与自密实混凝土之间的接触行为,该单元在考虑法向受压和切向作用的同时,亦可考虑法向受拉作用[13]。结合原位试验确定法向刚度模量 $k_n =$ 5.0N/mm³、切向刚度模量 $k_t = 0.6$N/mm³ 和抗拉强度 $f_{ct} = 0.25$N/mm² 。

4.3.3 荷载及边界条件

依据试验段区间的埋深和地质勘察信息,基于荷载-结构法得到衬砌结构所受外部压力如图 4-20 所示。其中,外部水土压力施加于管片外表面,通过设置全周受压弹簧表征围岩约束作用[14],地层抗力系数取 27MPa/m。内水压力荷载施加于钢管内表面,以 0.05MPa 为增量步,逐级加载。

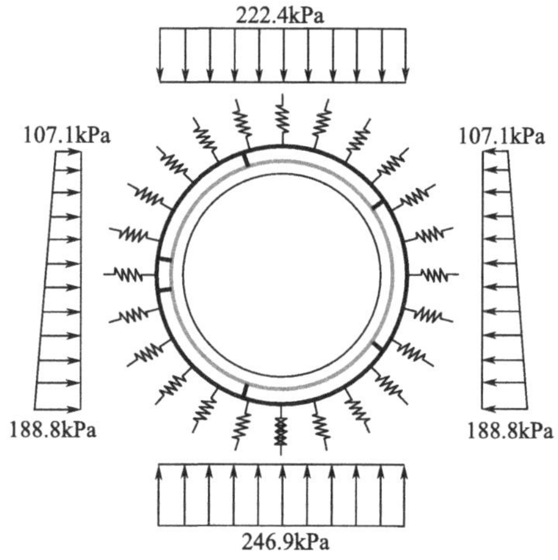

4.4 数值仿真与讨论

图 4-20 荷载-结构法示意图

4.4.1 管片

数值仿真结果(图 4-21)表明,在 0.75MPa 的内压下,两种结构钢筋应力较小,与试验结果(图 4-12)相符。随着内压的增加,管片钢筋应力和接缝张开量均出现增大趋势。当内压超过 0.75MPa 时,联合式承载结构的 L1 和 B3 块中钢筋应力率先发生突变,表明此时管片已出现裂缝,管片混凝土释放的应力作用于钢筋上。

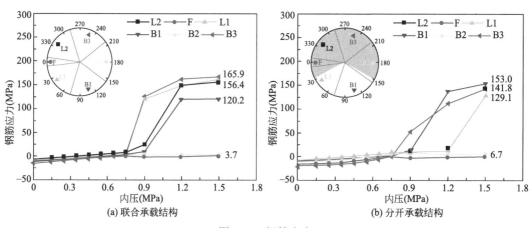

图 4-21 钢筋应力

图 4-22 为两种钢内衬结构的管片接缝张开量和螺栓应力的数值模拟结果，可见，当内压小于 0.75MPa 时，接缝张开量小于 0.3mm，与试验结果一致（图 4-12）。表明管片承受的内压较小，内压主要由钢管承担。然而，当内压达 0.90MPa 时，接缝张开量急剧增大，表明管片分担更多的内压。同时，螺栓应力亦随之增加。

联合承载结构的接缝张开量略大于分开承载结构，前者管片钢筋应力先于后者出现突变，相对后者管片钢筋应力值更大，说明前者管片将分担更大的内压。当内压增至 1.50MPa 时，两种钢内衬结构的接缝张开量仍未超过限值（2mm）[15]，相应的，钢筋应力和螺栓应力亦未达到屈服强度（分别为 400MPa 和 450MPa）。

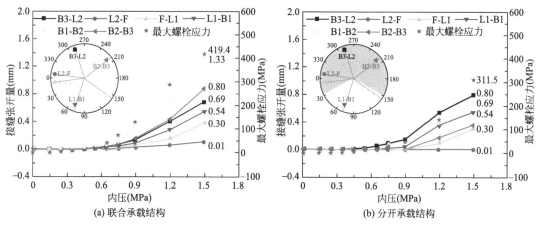

(a) 联合承载结构　　　　　　　　(b) 分开承载结构

图 4-22　接缝张开量和螺栓应力

4.4.2　自密实混凝土与钢管

自密实混凝土环向应变、钢管环向应变与径向变形数值计算结果如图 4-23～图 4-25 所示。当内压为 0～0.75MPa 时，数值仿真与试验监测结果具有良好的可比性。鉴于本次

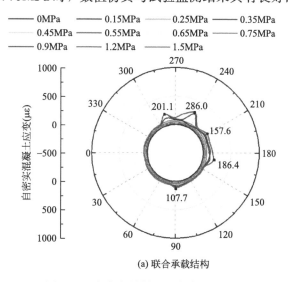

(a) 联合承载结构

图 4-23　自密实混凝土环向应变（一）

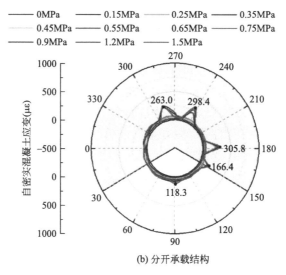

(b) 分开承载结构

图 4-23 自密实混凝土环向应变（二）

数值模拟未考虑实际自密实混凝土浇筑局部或钢焊接工艺而导致的缺陷问题等，数值计算值相比试验测量值更小、更均匀。

数值结果表明，随着内压的增加，钢管向外膨胀，钢管应变增大。自密实混凝土应变持续增加。对于联合式衬砌结构，钢管、自密实混凝土和管片紧密连接，共同承受内压。当内压达 0.9MPa 时，自密实混凝土在 168°、245°和 285°处开裂，相应的，引起此处管片接缝张开量和螺栓应力增大，与图 4-22（a）所示接缝张开规律相符。

对于分开承载衬砌结构，管片和自密实混凝土被垫层隔开，垫层可"缓冲"钢管和自密实混凝土的膨胀变形，使得铺设垫层区域中的钢管应变稍大。当内压较小时，钢管与自密实混凝土协调变形，内压由钢管和自密实混凝土承担。与联合承载衬砌结构相比，钢管和自密实混凝土将承受更大的内压和变形。当内压达 0.75MPa 时，自密实混凝土在 155°、

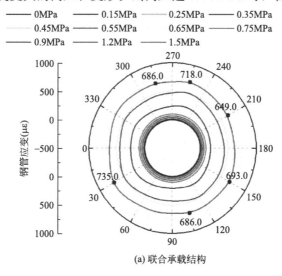

(a) 联合承载结构

图 4-24 钢管环向应变（一）

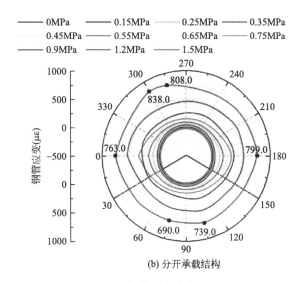

(b) 分开承载结构

图 4-24　钢管环向应变（二）

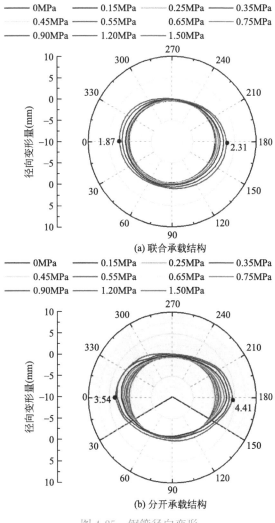

(a) 联合承载结构

(b) 分开承载结构

图 4-25　钢管径向变形

180°、248°和286°处发生开裂，自密实混凝土承受内压能力减弱，应力传递至钢管。随着内压的不断增加，钢管和自密实混凝土变形逐渐增大。随着垫层的"缓冲"效应渐弱，内压逐渐传递到管片，使得管片接缝张开量和螺栓应力增大，与图4-22（b）所示结果一致。

当内压较小时，两种钢内衬结构的自密实混凝土和钢管应变均保持较低增长。当联合和分开式衬砌结构施加的内压值分别超过0.75MPa和0.90MPa时，自密实混凝土将发生开裂，约束钢管能力减弱，内力将重新分配至钢管和管片。此时，自密实混凝土主要起传递压力的作用。鉴于垫层将限制内压向管片的传递，分开式衬砌结构中的钢管相对联合式衬砌结构承担更多的内压。当内压为1.50MPa时，联合和分开式衬砌结构的钢管最大应变分别为735$\mu\varepsilon$和838$\mu\varepsilon$，钢管均处于弹性阶段，相应的钢管应力分别为152.0MPa和172.6MPa，尚未达到屈服强度（345MPa）。

4.4.3　极限承载力

作为长距离引调水工程，珠江三角洲水资源配置工程将穿过不同类型的地层，如软塑/砂质黏土和全风化/强风化花岗岩片麻岩。然而，现场原位试验未能揭示不同地质条件下衬砌结构的变形特征。本节基于数值仿真模型，选取4组具有代表性的围岩（强度为10MPa、50MPa、100MPa和200MPa）。针对钢管衬砌结构在不同围岩强度下的应力和变形特征进行研究。根据4.4.1节和4.4.2节，在1.30MPa的设计内压下，两种钢内衬结构仍能保持正常使用。与钢管相比，管片安全裕度和接缝刚度较小。随着内压的进一步增加，接缝张开量将超过极限，导致外水渗入。同时，易引起螺栓屈服，导致结构失效。因此，本节重点分析管片接缝变形和螺栓应力特性。

图4-26为两种钢内衬结构在不同围岩和内压下的最大螺栓应力和接缝张开量。结果表明，两种衬砌结构的管片螺栓应力和接缝张开量随内压的增加而增大。其中，螺栓应力首先到达屈服状态，成为影响结构极限承载力的关键控制指标。随着围岩强度的增加，围岩将分担更多的内压，从而有效降低螺栓应力，提高结构的极限承载力。

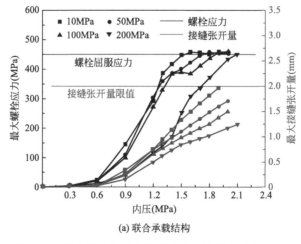

(a) 联合承载结构

图4-26　钢内衬结构最大螺栓应力和接缝张开量（一）

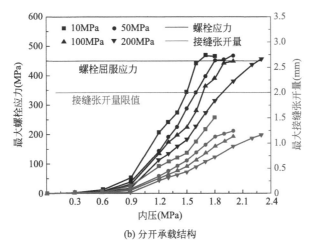

(b) 分开承载结构

图 4-26　钢内衬结构最大螺栓应力和接缝张开量（二）

由此可以得到联合/分开承载衬砌结构在四种围岩强度下的抗内压极限承载值分别为 1.50MPa/1.60MPa、1.70MPa/1.80MPa、1.90MPa/2.00MPa 和 2.10MPa/2.30MPa，分开式衬砌结构极限承载力略大于联合式衬砌结构。可见，铺设垫层在一定程度上将延缓管片螺栓的屈服。

4.5　小结

随着内压的增加，钢管向外膨胀，结构刚度亦随之发生变化，当自密实混凝土开裂时，整个体系应力将重新分布。对于分开式衬砌结构，管片、自密实混凝土仅在衬砌底部粘结在一起，其余 240°区域被垫层相隔，结构整体刚度不及联合式衬砌，因而，相对联合式衬砌结构，分开式衬砌中的钢管将承担更多的内压，应力和应变较大，而接缝张开量、螺栓应力和管片钢筋应力较小。

两种衬砌结构在 1.5MPa 内压下的应力和变形见表 4-5。可见，两种衬砌结构在设计内压下均处于安全状态。

钢内衬应力和变形　　　　　　　　　　　　　　　表 4-5

应力和变形	联合式	分开式	限制值
钢筋应力(MPa)	165.9	153.0	400
接缝张开量(mm)	1.33	0.80	2.00
螺栓应力(MPa)	419.4	311.5	450
钢管应力(MPa)	152.0	172.6	345

管片螺栓应力是判断钢内衬结构失效的控制指标。基于本章的计算条件，得到联合式和分开式衬砌结构在软塑/砂质黏土和全风化/强风化花岗岩片麻岩中可承受的最大内水压力分别为 1.50MPa、1.70MPa、1.90MPa、2.10MPa 和 1.60MPa、1.80MPa、2.00MPa、2.30MPa。

此外，垫层的"缓冲"效应取决于材料厚度和弹性模量，直接影响分开式衬砌变形规律和承载特征。从承受内压角度来看，分开式相对联合式衬砌结构具有更高的承载能力，且对地质条件无特殊要求；当地质条件较好时，可考虑采用联合式衬砌结构，以充分发挥围岩和管片的承载性能，优化钢管厚度。

参考文献

[1] 中华人民共和国国家质量监督检验检疫总局. 电弧螺柱焊用圆柱头焊钉：GB/T 10433—2002 [S]. 北京：中国标准出版社，2002.

[2] 张厚美. 地铁盾构工程设计与施工过程的若干问题研究 [D]. 上海：上海交通大学，2004.

[3] 张厚美，叶均良，过迟. 盾构隧道管片接头抗弯刚度的经验公式 [J]. 现代隧道技术，2002(2)：12-16，52.

[4] 闫治国，丁文其，沈碧伟，等. 输水盾构隧道管片接头力学与变形模型研究 [J]. 岩土工程学报，2011，33(8)：1185-1191.

[5] 周龙，朱合华，闫治国，等. 深埋高内水压盾构隧道管片衬砌力学特性足尺试验研究 [J]. 土木工程学报，2022，55(9)：94-105，117.

[6] Yang F，Cao S R，Qin G. Mechanical behavior of two kinds of prestressed composite linings：A case study of the Yellow River Crossing Tunnel in China [J]. Tunnelling and Underground Space Technology，2018，79：96-109.

[7] 中华人民共和国住房和城乡建设部. 混凝土结构设计规范：GB 50010—2010 [S]. 北京：中国建筑工业出版社，2010.

[8] 郑永来，韩文星，童琪华，等. 软土地铁隧道纵向不均匀沉降导致的管片接头环缝开裂研究 [J]. 岩石力学与工程学报，2005(24)：4552-4558.

[9] Jin Y L，Ding W Q，Yan Z G，Soga K，Li Z. Experimental investigation of the nonlinear behavior of segmental joints in a water-conveyance tunnel [J]. Tunnelling & Underground Space Technology，2017，112：153-166.

[10] 彭益成，丁文其，沈碧伟，等. 输水隧道单层衬砌管片接头抗弯力学特性研究 [J]. 地下空间与工程学报，2013，9(5)：1065-1069，1108.

[11] 官林星. 穿越赣江盾构法输水隧道的设计 [J]. 隧道建设，2013，33(7)：579-585.

[12] 王士民，于清洋，彭博，等. 基于塑性损伤的盾构隧道双层衬砌三维实体非连续接触模型研究 [J]. 岩石力学与工程学报，2016，35(2)：303-311.

[13] Zhou L，Zhu H H，Yan Z G，et al. Experimental testing on ductile-iron joint panels for high-stiffness segmental joints of deep-buried drainage shield tunnels [J]. Tunnelling & Underground Space Technology，2019，87：145-159.

[14] 小泉淳. 盾构隧道管片设计 [M]. 北京：中国建筑工业出版社，2012.

[15] 中华人民共和国住房和城乡建设部. 盾构隧道工程设计标准：GB/T 51438—2021 [S]. 北京：中国建筑工业出版社，2021.

第5章 钢内衬结构抗外压稳定机理研究

钢内衬结构的研究主要集中在内压承载变形机理，已开展室内试验、现场监测、数值分析等工作[1-3]，外压承载仅研究了该结构整体抵抗外水土压力作用，钢管内衬抗外压稳定性尚待研究[4]。前期研究表明，随着内水压力的增加，"管片-自密实混凝土-钢管"衬砌结构整体向外膨胀，当内外压差达 0.15MPa 时，自密实混凝土发生开裂，各层衬砌承担内压比例发生变化，结构可承担较高的内水压力，具有较大的安全储备[1]。鉴于该结构将穿越高外水位区域，且管片接缝密封垫设计承受的最大外水压约在 0.8~1.0MPa 之间[5]，外水有可能通过管片与自密实混凝土直接作用于钢管。因此，大直径薄壁钢管内衬结构抗外压稳定性成为影响结构安全的关键因素，亟待开展专门的研究。

目前国内外有关压力钢管稳定性的研究相对有限，学者们针对加劲环钢管外压失稳问题在理论公式、模型试验和数值方法等方面开展了专门研究。Unterweger 和 Valdeolivas 等[6,7]将管道外包材料视为弹性介质，研究了临界外压随介质模量变化的规律；赖华金和范崇仁[8]、马文亮等[9]提出了各自的理论研究成果，但出于种种原因难以应用于实际工程；Wang 和 Koizumi[10]基于室内模型试验，分析了外包材料裂纹数量和位置对薄壁管道临界外压的影响；齐文彪等[11]、李明等[12]探讨了几何尺寸和间距对加劲环与钢管外压屈曲的关系。综上，现有研究针对加劲环和混凝土约束对加劲环钢管屈曲失稳影响机理尚缺乏清晰的认识，亦缺乏试验以验证结构设计依据的计算理论和分析模型。

本章提出一种内外压加卸载装置，开展了钢管内衬结构抗外压稳定的足尺模型试验研究，并结合数值仿真计算，探讨了加劲环和混凝土约束对加劲环钢管屈曲失稳变形和抗外压稳定性能的影响，研究方法将为钢管衬砌结构设计提供借鉴与参考。

5.1 足尺模型试验

5.1.1 试验装置

依据工程采用的钢管衬砌结构形式，设计本次抗外压稳定足尺模型试验装置。试验构件如图 5-1 所示，采用钢套筒等效衬砌结构的管片和围岩结构，并作为施加外水压的容器，该套筒由 Q345C 钢板卷制而成，外径为 5456mm，壁厚为 28mm，筒体外周焊接 Q345C 加劲环（高 200mm，厚 28mm，间距 2m），底部 120°内设置宽度 1m、间距 2m 的 C25 混凝土底座以承托钢套筒。钢套筒沿顶部 240°范围内铺设 15mm 厚复合排水板，内置 DN4800 钢管，材质为 Q345C，壁厚为 14mm，钢管外壁焊接 Q345C 加劲环（高 120mm，厚 20mm，间距 2m）。钢管与钢套筒之间充填 C30 自密实混凝土。

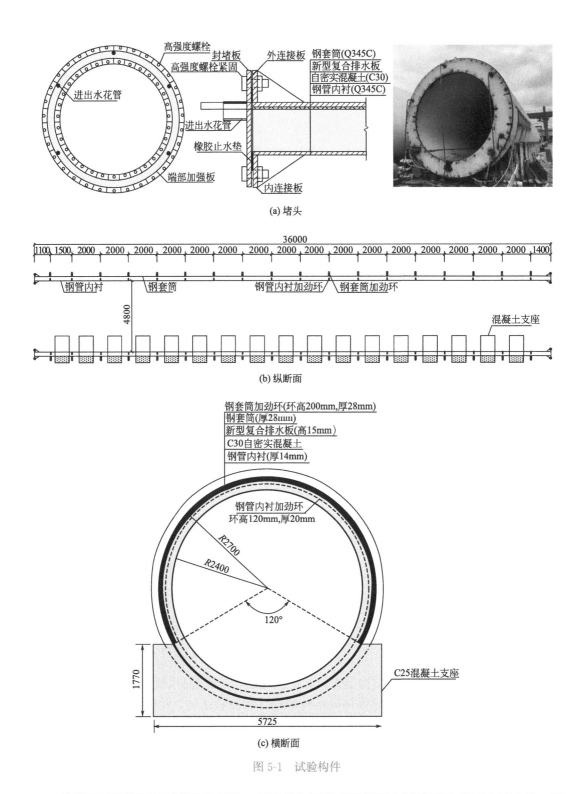

图 5-1 试验构件

构件前后设钢制封堵板作为堵头，封堵板与钢套筒及钢管内衬的端头采用法兰连接，通过高强度螺栓连接紧固，并在端盖内、外侧各设置一道遇水膨胀橡胶止水条保证密封效果；

在钢套筒上部 240°范围内布置复合排水板，作为外水压施加与卸除的通道。同时，在钢套筒体需预留 DN50 花管接口，与加卸载泵机相连接，采用第 4 章的"囊体-钢内撑"装置模拟内水压力。根据相关文献[13,14]，试验构件轴向长度取 6 倍直径（总长定为 36m）以避免端部边界效应，构件一端连接加卸载泵机和现场监测站，现场装置布置如图 5-2 所示。

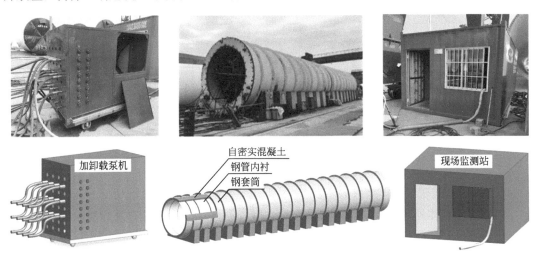

图 5-2　现场装置布置

5.1.2　钢管残余应力

残余应力通常指在无工作载荷作用下，存在于构件内部且保持平衡的应力。钢管成型、焊接等工序会导致在最终的管体内产生残余应力。残余应力将影响钢管制造质量与使用性能，是产生管体应力腐蚀和各种焊接裂纹的主要力学诱因之一，尤其在低温及动载荷条件下，将降低钢管的承载能力和使用寿命。

为了研究钢管组装焊接等施工过程产生的残余应力等初始缺陷，本次试验对钢管内衬开展无损检测，见图 5-3。根据焊接完成后钢管残余应力情况，进一步分析产生残余应力的工艺因素，在成管过程中有效控制和减小残余应力。

(a) 磁粉法焊缝表面缺陷探伤　　　　　　　(b) 焊缝尺寸测试

图 5-3　钢管施工质量检测（一）

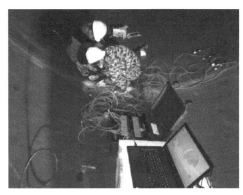 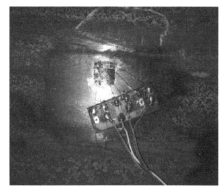

(c) 残余应力测试1　　　　　　　　　　　　(d) 残余应力测试2

图 5-3　钢管施工质量检测（二）

检测内容列于表 5-1，结果表明：

（1）焊缝整体外观良好，无咬边、焊瘤、裂纹等外观缺陷，焊宽及焊缝余高均匀，满足规范要求；焊缝无损探伤亦满足规范要求，合格率 100％。

（2）环向对接焊缝上残余应力大于母材上环向分布残余应力，焊缝中心及焊缝熔合线（热影响区）上的残余应力明显大于母材区残余应力，残余应力值随与焊缝中心距离增大而减小；管道内外壁纵向焊缝残余应力分布规律一致；母材外壁残余应力较内壁略大；外壁及内壁母材区残余应力方向主要为管道环向，环向对接焊缝和纵向对接焊缝上残余应力方向也均呈现为管道环向，焊缝附近热影响区残余应力方向较为分散，方向与焊接过程中受热状态有关。

（3）拉伸试样均断裂于母材区与热影响区交界附近，3 组试样平均抗拉强度分别为544MPa、547MPa 和 544MPa；断口未见非金属夹渣聚集、孔洞等异常现象，层现象明显；边缘断口呈剪切唇状，大部分断口呈韧窝状塑性断裂，少部分呈条纹状，心部断口呈韧窝状塑性＋准解理脆性断裂。

（4）母材区金相组织为铁素体＋珠光体，热影响区金相组织为贝氏体＋铁素体，熔合线金相组织为贝氏体＋铁素体＋珠光体，焊缝区金相组织为铁素体＋珠光体＋贝氏体；母材区组织与热影响区组织晶粒度相差较大，其交界处晶粒结合强度相对较低，焊接钢管的应力破坏主要发生于热影响区与母材区交界附近，该区域的残余应力对钢管的抗外压稳定性影响较大。

钢管残余应力检测统计　　　　　　　　　　　　　　　　　　　　表 5-1

检测方法		完成量
形位尺寸	焊缝尺寸测试	34m(50 点)
焊缝无损探伤	超声波焊缝内部缺陷探伤	72m
	TOFD 焊缝内部缺陷探伤	25m
	磁粉法焊缝表面缺陷探伤	72m

续表

检测方法		完成量
残余应力测试	环向焊缝残余应力沿环向分布	40 点
	管体残余应力沿环向分布	80 点
	纵向焊缝残余应力沿环向分布	20 点
	环向焊缝残余应力沿纵向分布	80 点
钢板拉伸试验	室内拉伸	3 组
微观分析	电镜扫描(50X、200X、5000X)	3 组
	金相分析:母材区、热影响区、熔合线、焊接材料	4 组

5.1.3　加载方案

本次试验首先通过加卸载泵机注水,施加 0.3MPa 外水压力作为预加载,以测试加载装置和监测仪器的可靠性与稳定性,检验堵头的密封效果。试验装置检验合格后,相继进行内、外压加载工况(加载装置如图 5-4 所示),具体如下:

(1)内压工况。不施加外水压力,仅对钢管管壁内弧面进行内压加载,模拟隧洞处于通水运营阶段的状态,研究自密实混凝土在循环内压作用下的开裂状态。其中,囊体采用同步注、排水方式实现三轮内压循环加卸载,每轮加载等级为 0.05~0.10MPa,最高内压为 0.65MPa。

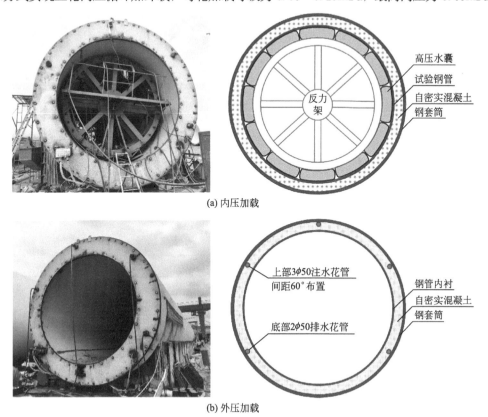

(a) 内压加载

(b) 外压加载

图 5-4　加载装置

（2）外压工况。撤除内压作用，仅施加外水压力，模拟钢管内衬在检修阶段内水放空、同时承受外水压力的不利状态。以 0.02～0.10MPa 加载等级不断注入外水，研究钢管内衬在自密实混凝土开裂条件下的外压承载变形与受力特征，最终加载至钢管屈曲失稳。

5.1.4 监测内容

本次试验以构件中部作为监测区域，在钢管管壁和加劲环表面以及自密实混凝土内部布设分布式光纤、振弦式钢板计等传感器，见图 5-5，选取构件中部环间管壁断面（A 号断面）和加劲环断面（B 号断面）作为本章讨论对象。针对钢管管壁内外弧面、加劲环和自密实混凝土环向应变以及管壁外弧面应力进行监测。试验监测项目见表 5-2。应变和应力结果以拉为正。

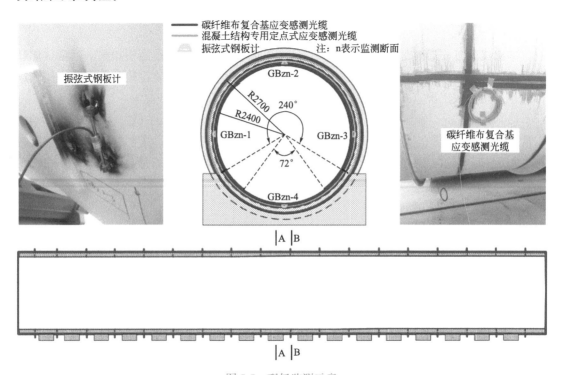

图 5-5 现场监测示意

试验监测项目 表 5-2

量测部位	监测项目	仪器设备	量测时段或频率
自密实混凝土	环向应变	混凝土结构专用定点式应变感测光缆	仪器安装后取得基准值；内压工况期间，每级加载稳定后测量一次
钢管加劲环	环向应变	碳纤维复合基应变感测光缆	在仪器安装完成后，其周围材料的温度达到均匀时的测值作为基准值；试验期间，每级加载稳定后测量一次
钢管管壁	应力	振弦式钢板计	在仪器安装完成后，其周围材料的温度达到均匀时的测值作为基准值；外压工况期间，每 10 min 记录一次
	环向应变	碳纤维复合基应变感测光缆	在仪器安装完成后，其周围材料的温度达到均匀时的测值作为基准值；试验期间，每级加载稳定后测量一次

5.2　试验结果

5.2.1　内压工况

（1）自密实混凝土环向应变

自密实混凝土环向应变随内压增大而增大，整体呈膨胀受拉趋势。当内压为 0.15MPa 时，A 号断面和 B 号断面处自密实混凝土在拱顶、左右拱腰和左右拱肩附近的拉应变峰值均超过 98με，即自密实混凝土已出现裂纹；随着内压的不断增大，裂纹不断扩展，如图 5-6 所示。

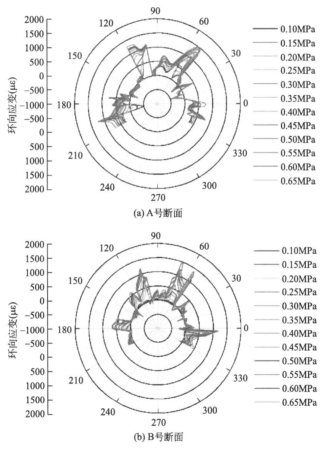

图 5-6　首轮加载自密实混凝土环向应变

根据图 5-7，在循环内压作用下，以内压为 0.65MPa 为例，自密实混凝土大部分区域拉应变峰值和范围皆有所增大，在 A 号断面左拱肩 135°和 B 号断面左拱腰 180°尤为明显，并出现新的拉应变峰值或峰值显著增大。即，内压循环加载使自密实混凝土裂纹宽度和开裂范围进一步加大；同时，A 号断面自密实混凝土环向应变相比 B 号断面更大、更不均匀，且差异随着内压增大更为显著。可见，加劲环在一定程度上可抑制附近外包自密实混凝土裂纹扩展；反之，自密实混凝土有助于提高加劲环的抗外压稳定性。

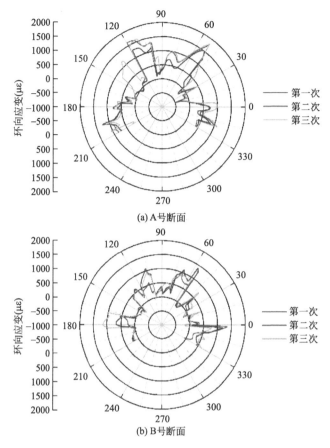

(a) A 号断面

(b) B 号断面

图 5-7　循环加载自密实混凝土环向应变

（2）钢管管壁应力与环向应变

钢管管壁应力如图 5-8 所示，三轮循环加载中，管壁应力呈现相似的变化趋势。在 A 号断面，右拱腰受拉明显，拉应力随内压增大而不断增大，而左拱腰内压初加载时拉应力增长较明显，而后增幅较小，拱顶和拱底应力水平始终较低，基本呈受压状态；当内压为 0.65MPa 时，A 号断面右拱腰处出现最大拉应力，约为 138MPa，呈现横椭圆变形趋势；B 号断面在内压作用下拱顶和两侧拱腰受拉明显，拱底应力水平始终较低，当内压为 0.65MPa 时，拱顶处出现最大拉应力，约为 179MPa；由于加劲环的存在，管壁变形受到约束，局部区域拉压状态出现转变，整体未呈现横椭圆变形趋势。

钢管管壁环向应变如图 5-9、图 5-10 所示，管壁环向应变随内压的增大而增大，环向出现多个拉应变峰值；随着内压的不断增大，应变波动亦随之加剧。当内压为 0.65MPa 时，A 号断面和 B 号断面的管壁最大拉应变分别为 $422\mu\varepsilon$ 和 $470\mu\varepsilon$，均出现在拱顶处。三轮内压循环加载后，最大内压作用下 A 号断面管壁环向应变基本不变，B 号断面略有减小，前者相对后者更大、更不均匀，说明加劲环通过增强管壁刚度，从而减少管壁变形，使得自密实混凝土应变水平降低，有效抑制裂纹扩展。

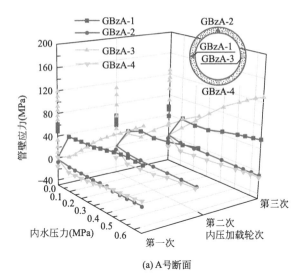

(a) A号断面

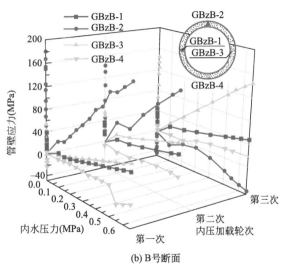

(b) B号断面

图 5-8　钢管管壁应力

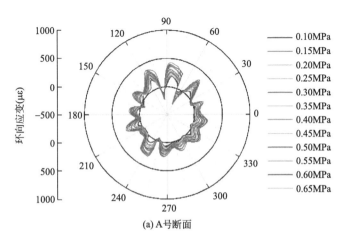

(a) A号断面

图 5-9　首轮加载钢管管壁环向应变（一）

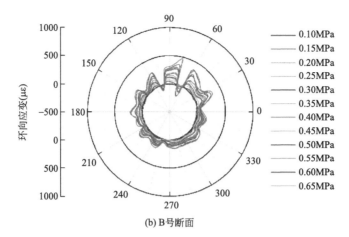

(b) B号断面

图 5-9　首轮加载钢管管壁环向应变（二）

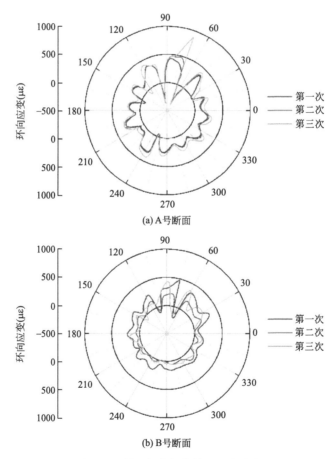

(a) A号断面

(b) B号断面

图 5-10　循环加载钢管管壁环向应变

　　可见，钢管管壁应力应变随内压的增加而增大，钢管呈现膨胀受拉趋势，在内压循环加载作用下应变可恢复，整体应力水平较低，处于弹性变形范围内，尚具有较大抗内压承载能力。

5.2.2　外压工况

1. 钢管屈曲失稳

当外水压力加载至 0.35MPa 时，钢管管壁内弧面出现轻微变形；加载至 0.55MPa 时，局部出现较为明显的凸起。随着外水压力的不断增加，试件发出"嘭嘭嘭"的声响，波峰、波谷不断加高、加深；加载至 0.65MPa 时，管壁 3 个区域出现明显凸起，随着注水量的持续增加，凸起区域范围不断扩大，但"钢套筒-钢管内衬"之间的压力表读数始终稳定在 0.65MPa，无法继续提升外水压力，试验终止。

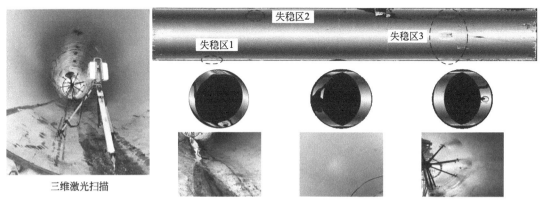

图 5-11　屈曲失稳形态

采用三维激光扫描仪对钢管变形进行扫描，结果如图 5-11 所示，整个加载过程，加劲环未偏离所在平面，未发生屈曲失稳现象，而加劲环之间的环间管壁共出现 3 处失稳区。其中，失稳区 1 和失稳区 2 均出现一个屈曲波，而失稳区 3 则出现 3 个屈曲波，屈曲失稳模式以单瓣屈曲为主，与工程失稳案例破坏形态[15]相符。屈曲波面积为 1.5m² 左右，波幅范围在 0.07～0.19m，钢管已屈曲破坏，无法继续满足抗外压稳定要求。考虑到管壁和外包混凝土之间存在一定的初始缝隙，混凝土对管壁变形的约束作用不大，故现行规范采用明管 Mises 公式[16]计算加劲环埋管的管壁临界外压，如下所示：

$$P_{\mathrm{cr}} = \frac{Et}{(n^2-1)\left(1+\frac{n^2 l^2}{\pi^2 r^2}\right)^2 r} + \frac{E}{12(1-\mu^2)}\left(n^2-1+\frac{2n^2-1-\mu}{1+\frac{n^2 l^2}{\pi^2 r^2}}\right)\frac{t^3}{r^3} \tag{5-1}$$

$$n = 2.74\left(\frac{r}{l}\right)^{\frac{1}{2}}\left(\frac{r}{t}\right)^{\frac{1}{4}} \tag{5-2}$$

式中　n——屈曲波数；

　　　r——钢管半径；

　　　t——钢管壁厚；

　　　l——加劲环间距；

　　　E——钢材弹性模量；

　　　μ——钢材泊松比。

由此得到本试验钢管管壁临界外压为 0.66MPa，试验与理论值基本相符。根据《水电站压力钢管设计规范》SL 281—2003[16]，加劲环埋管失稳时屈曲波数一般较多且波幅较小，在本次试验中钢管失稳屈曲波数较少，波幅较小，限于现场装置与安全要求无法继续加载以验证最终失稳形态。

2. 混凝土无损检测

为进一步研究外包自密实混凝土的浇筑及变形情况，对混凝土进行了无损检测，并对部分鼓包位置管壁和钢套筒进行切割以观测混凝土浇筑与裂缝扩展情况。

考虑到试验现场施工条件受限，且混凝土浇筑情况对加劲环钢管抗外压稳定具有重要影响，故在试验加载前后采用冲击回波法对混凝土开展现场检测工作，综合波形、频谱图、厚度三维图谱判定是否存在缺陷并确定缺陷尺寸。检测坐标定位如图 5-12 所示，检测发现，在构件 0.5～3m、14～16.5m、15.5～17.5m、18.5～20m、20.75～22m、30～33m 和 33～36m 共 7 处位置出现信号异常（表 5-3）。

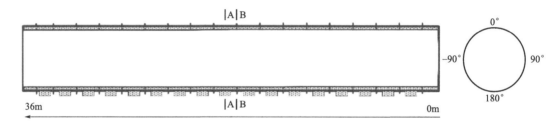

图 5-12　检测范围

冲击回弹波检测结果 表 5-3

轴向位置	检测情况
1.5～2.5m	拱顶环向—12°～12°范围内，环向宽约 1m 范围内检测厚度出现异常
14.4～15m	环向—78°～—90°范围内，即从左侧拱腰向上约 0.5m 范围内，厚度相对较大，推测有缺陷
15.5～17m	拱顶—12°～12°范围内，宽度约 1m 范围内，检测厚度超过 60cm，疑似浇筑不密实
18.5～20m	拱顶—12°～12°范围内，宽度约 1m 范围内，以及环向—22°～—27°，距拱顶约 0.8m 的左下方，宽度约 0.2m 范围内检测厚度存在异常，疑似脱空或浇筑不密实
20.75～22m	拱顶—12°～12°范围内，宽度约 1m 范围内，即环向—23°～—29°，距拱顶约 0.95m 的左下方，宽度约 0.12m 范围内检测厚度出现异常，疑似脱空或浇筑不密实
30.6～31.8m	右侧拱腰处约 75°～90°，宽度约 0.6m 范围内检测厚度出现异常，疑似出现缺陷
34.5～36m	左上部—46°～—70°范围内整体检测厚度偏大

加载试验结束后，对钢套筒和试验钢管进行切割，以观测混凝土浇筑与开裂情况，进一步验证无损检测结果。如图 5-13 所示，对外部钢套筒上半部分和内部钢管鼓包处进行切割，并凿开局部混凝土。具体如下：

（1）拱顶 12.2～16.5m 范围内存在脱空，宽约 2m，如图 5-14 所示，在 14.6～15.5m 处，脱空深度达 0.16m。

（2）如图 5-15 所示，拱顶 18.6～20m 处存在浇筑不密实现象，宽约 1m；拱顶 20.75～22m、宽度 1m 范围内存在脱空缺陷，最大脱空深度约 0.10m，与检测结果基本相符。

（3）冲击回弹波检测推断轴向 14.4～15m 侧拱位置存在缺陷，但切割钢板去除混凝土后发现此处未见明显缺陷，如图 5-16 所示。鉴于该处钢套筒存在环高 20cm 的加劲环，可能对检测结果产生影响。

图 5-13　整体切割试验构件

图 5-14　轴向 12.2～16.5m 切割检测

图 5-15　轴向 18.6～22m 切割检测

图 5-16　轴向 14.4～15m 切割检测

（4）冲击回弹波检测在轴向 18.5～20m、距拱顶约 0.8m 的左下方，以及轴向 20.75～22m、距拱顶约 0.95m 的左下方均出现检测厚度异常，推测存在缺陷。但切割后发现两处自密实混凝土浇筑情况良好，无明显缺陷，如图 5-17 所示。

(a) 轴向18.5～20m切割检测

(b) 轴向20.75～22m切割检测

图 5-17　轴向 18.5～20m 与 20.75～22m 侧拱检验情况

这两处均存在止水板、聚乙烯泡沫板未布置严密的情况，钢管与自密实混凝土之间存在 1.5cm 深的空隙，对检测结果造成影响。两处冲击回弹波检测厚度值近似相等，两处缺陷大小相似；此外，检测厚度约 72cm，均小于同纵向长度范围内的拱顶检测值，说明缺陷较小，与现场验证结果相符。

（5）轴向 30～33m 右侧拱腰处 75°～90°范围内冲击回弹波检测厚度发现异常，现场验证后发现，30.7～31.7m 右侧拱腰处存在不密实现象，脱空深度约 0.12m，如图 5-18 所示。

（6）轴向 34.5～36m 左上部冲击回弹波整体检测厚度偏大，推测由自密实混凝土浇筑不密实所致。经现场检验，未发现明显缺陷，且混凝土厚度均为 0.3m，如图 5-19 所示。

图 5-18　轴向 30～33m 切割检测

图 5-19　轴向 34～36m 切割检测

对比图 5-11 钢管失稳区域，不难发现，3 处失稳区未发现自密实混凝土浇筑不密实等缺陷。而上述自密实混凝土均在临近外侧钢套筒位置出现浇筑不密实的现象，对内衬钢管屈曲稳定影响有限。为了进一步研究自密实混凝土对钢管抗外压稳定的影响，现场针对失稳区 1、失稳区 3 中下部具备切割条件的区域进行切割，如图 5-20 所示。可见，失稳区 1 自密实混凝土出现宽约 1mm 的裂缝，失稳区 3 中部自密实混凝土出现宽约 2mm 的裂缝；而失稳区 3 下部自密实混凝土未出现明显裂缝，整体浇筑良好，无明显空腔。失稳区均位于加劲环之间的环间管壁处，符合受外压失稳的规律。

(a) 失稳区 1

图 5-20　鼓包位置自密实混凝土浇筑与开裂情况（一）

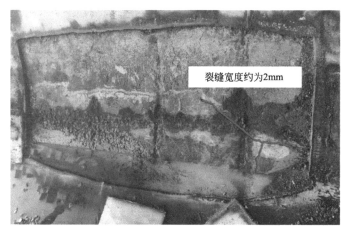

(b) 失稳区3(中部)

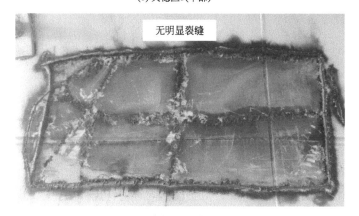

(c) 失稳区3(下部)

图 5-20　鼓包位置自密实混凝土浇筑与开裂情况（二）

3. 监测数据分析

在本次抗外压试验中，钢管发生屈曲失稳的位置虽未处于监测断面，但监测数据仍将为揭示自密实混凝土和钢管承载变形机理提供参考。在外压作用下，A号断面和B号断面自密实混凝土主要处于受压状态，但在左右拱腰处均产生拉应变，整体呈横椭圆变形趋势，如图5-21所示。其中，自密实混凝土最大环向压应变未超过800με，未进入受压屈服状态。当外水压力达0.65MPa时，A号断面和B号断面自密实混凝土左侧拱腰处出现最大拉应变，分别为240με和670με，与内压工况下自密实混凝土裂纹扩展区域相符。

根据图5-22，钢管管壁应力在外压作用下普遍呈现逐渐受压趋势，当外水压力为0.65MPa时，A号、B号断面均在拱底处出现最大压应力，与外水压强分布规律相符，最大压应力分别为158MP和107MPa，尚未达到钢材的屈服水平，管壁仍处于弹性范围内。由于在管壁外侧布设加劲环，相对于A号断面，B号断面具有较大的刚度，压应力较小。

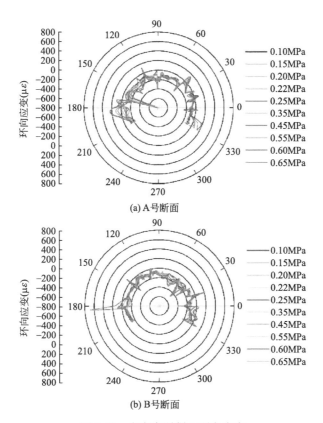

图 5-21　自密实混凝土环向应变

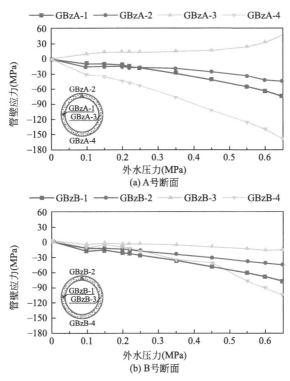

图 5-22　钢管管壁应力

　　相应的，钢管管壁环向应变亦呈现与应力相符的变化规律，如图 5-23、图 5-24 所示。当外压小于 0.22MPa 时，管壁环向压应变较为均匀，呈均匀受压状态，压应变随外压增加的增量较小，外压每增大一级压应变平均增量约为 20$\mu\varepsilon$；当外压处于 0.22～0.45MPa 时，管壁压应变随外压增加的增量较大，外压每增大一级压应变平均增量约为 75$\mu\varepsilon$；当外压大于 0.45MPa 时，管壁压应变增量随外压增加而减少，但环向应变差异明显增大，即环向应变波动更加剧烈，A 号断面管壁压应变波动比 B 号断面更明显，但钢材仍未达到屈服应变；当外压加载至 0.65MPa 时，A 号和 B 号断面管壁最大压应变分别为 750$\mu\varepsilon$ 和 650$\mu\varepsilon$，可见加劲环可约束管壁受外压变形。图 5-24（b）为 B 号断面加劲环环向应变，在外压作用下整体处于受压状态，且随着外压增大呈逐渐受压趋势，压应变均小于 300$\mu\varepsilon$，仍处于弹性变形范围内。

　　此外，管壁出现压应变峰值位置与前期自密实混凝土在内压作用后出现拉应变峰值位置（开裂位置）基本对应。可以得到在外压作用工况下，水压力沿自密实混凝土开裂处由外向内渗透并作用于该处管壁，使其产生挤压变形，最终在钢管管壁出现波浪形压应变曲线。

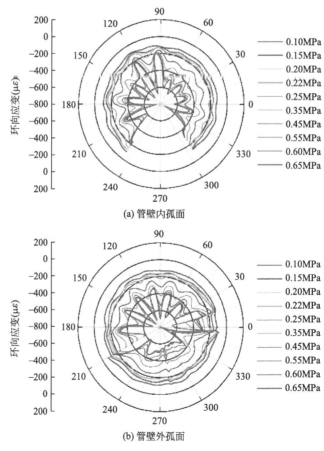

(a) 管壁内弧面

(b) 管壁外弧面

图 5-23　A 号断面钢管环向应变

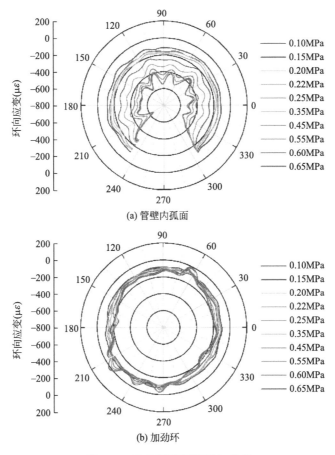

(a) 管壁内弧面

(b) 加劲环

图 5-24　B 号断面钢管环向应变

5.3　数值仿真

针对上述开展的钢管抗外压足尺试验，相应的，本节建立三维有限元数值仿真模型，进一步分析加劲环钢管抗外屈曲的稳定性。

5.3.1　有限元模型

根据足尺模型试验，建立钢管内衬、混凝土、钢套筒及支座的精细化有限元模型。其中，混凝土、支座采用六面体实体单元离散，钢管、钢套筒及其加劲环采用四节点壳单元离散，整体模型如图 5-25 所示，模型包含 162840 个单元，154380 个节点。自密实混凝土采用 Drucker-Prager 本构模型，钢管采用双线性本构模型，主要参数如表 5-4 所示。自密实混凝土支座底部设置固定边界，钢管和自密实混凝土两端约束法向（钢管轴线方向）变形。考虑钢套筒、自密实混凝土、钢管和支座的自重，按照试验工况依次施加内、外水荷载作用。

(a) 整体模型

(b) 钢管及加劲肋

(c) 自密实混凝土

(d) 钢套筒及加劲肋

图 5-25 有限元整体模型（一）

(e) 混凝土支座及油毡布

图 5-25　有限元整体模型（二）

模型材料主要力学参数　　　　　　　　　　　　　　表 5-4

材料	重度 (kN/m³)	弹性模量 (GPa)	泊松比	抗压/抗拉强度 标准值(MPa)	屈服强度 (MPa)	极限强度 (MPa)
支座混凝土(C25)	25.0	28.0	0.2	16.7/1.78	—	—
自密实混凝土(C30)	25.0	30.0	0.2	20.1/2.01	—	—
钢材(Q355C)	78.5	206	0.3	—	345	470

5.3.2　模型验证

A 号、B 号断面管壁在外压作用下应力变化情况如图 5-26 所示，断面各位置基本均匀

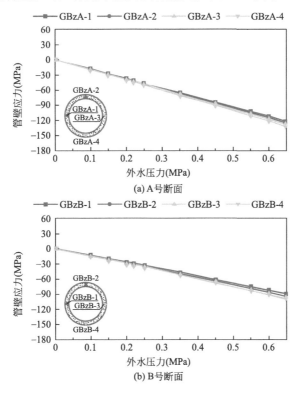

(a) A号断面

(b) B号断面

图 5-26　外压工况管壁应力

受压，随外水压力的增大呈线性增长趋势，相同外压作用下各位置应力大小差异不明显，当外压加载至 0.65MPa 时，A 号、B 号断面最大压应力分别为 132MPa 和 100MPa，且均出现在拱底位置。

有限元模型在外压工况下整体变形规律以及应力大小与足尺模型试验监测结果相符（图 5-22），数值仿真应力结果偏小，受力更加均匀，其主要原因在于现场试验构件中，自密实混凝土存在着初始微裂纹等缺陷、钢内衬中存在初始缺陷和残余应力。总体而言，数值仿真结果与现场监测结果相近，应力变化规律相符，有限元模型可用于代替足尺模型试验深入分析自密实混凝土和加劲环约束作用对管壁临界外压的影响。

5.3.3　钢管抗外压稳定性分析

由现场试验结果可知，在内压作用下，自密实混凝土处于环向受拉状态，多个部位进入屈服并发生开裂，极大削弱了对钢管的约束作用。为此，选取极端工况进行钢管抗外压屈曲稳定性分析，即，自密实混凝土完全开裂并与钢管剥离，外水压力直接作用于钢管，仅考虑加劲环约束作用。提取三维数值仿真结果中钢管特征值屈曲模态，如图 5-27 所示，各模态屈曲临界外压值列于表 5-5。

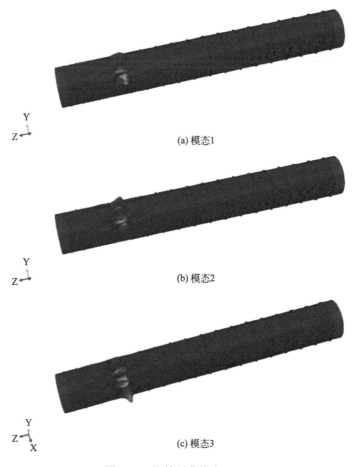

(a) 模态1

(b) 模态2

(c) 模态3

图 5-27　钢管屈曲模态（一）

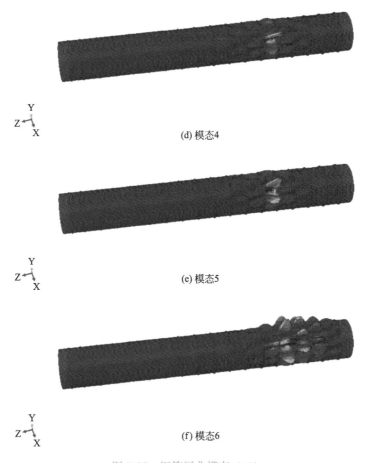

(d) 模态4

(e) 模态5

(f) 模态6

图 5-27　钢管屈曲模态（二）

临界外压值汇总　　　　　　　　　　　　　　　　　　　表 5-5

模型类别	数值仿真						足尺模型	Mises 公式
	模态 1	模态 2	模态 3	模态 4	模态 5	模态 6		
临界外压（MPa）	0.50	0.51	0.58	0.62	0.62	0.71	0.65	0.66

　　钢管失稳模态均为局部失稳，具有多个屈曲波，且发生在加劲环之间的环间管壁。前 3 阶屈曲模态发生在失稳区 3 附近，屈曲临界外压为 0.50～0.68MPa；第 4 阶和第 5 阶模态于失稳区 2 所在区域发生屈曲，屈曲临界外压为 0.62MPa；第 6 阶模态在失稳区 2 和失稳区 1 之间发生屈曲，屈曲临界外压为 0.71MPa。数值仿真得到的屈曲临界外压与模型试验、理论计算结果基本吻合，且数值仿真钢管失稳时屈曲波数较多且波幅较小，与规范所述[16]一致。

　　由此可见，自密实混凝土约束条件对加劲环钢管屈曲失稳具有重要影响作用。当考虑外包自密实混凝土与钢管之间存在初始缝隙，自密实混凝土在内外压作用下发生开裂，造成初始缝隙进一步扩大，当初始缝隙达到一定的限值时[17]，自密实混凝土对钢管管壁的约束作用可忽略不计，此时可按明管的 Mises 公式计算加劲环埋管的管壁临界外压，但自密实混凝土对加劲环的约束作用不可忽视。从试验结果来看，钢管管壁屈服而加劲环并未发生屈服，表明按照理论强度公式判断加劲环失稳偏于保守。

5.4　小结

自密实混凝土在内压作用下发生开裂，裂纹宽度随着内压增大而增大，循环加卸载加剧裂纹进一步扩展。在外压作用下，自密实混凝土整体处于压缩状态，尚未屈服，左右拱腰处受拉开裂，呈横椭圆变形趋势，外水由自密实混凝土开裂处直接作用于钢管管壁，使其产生波浪形压应变曲线。此时自密实混凝土与钢管之间缝隙进一步增大，自密实混凝土对钢管内衬约束作用十分有限，故自密实混凝土对提高钢管内衬抗外压稳定性的贡献属于不确定因素，宜将之列为安全储备。

加劲环可抑制外包自密实混凝土裂纹扩展，且在外压作用下仅发生径向变形，未出现失稳现象。加劲环提高了钢管刚度，通过合理优化加劲环尺寸和间距、有效约束加劲环变形，可提高钢管抗外压屈曲能力。

在内压工况下，钢管管壁应力水平远未达到屈服状态，仍处于弹性变形范围内，具有较好的内压承载能力。当现场试验外压达 0.55MPa 时，钢管环间管壁开始出现局部屈曲现象；当外压达 0.65MPa 时，外水压力不再上升，环间管壁在外压作用下屈曲波幅继续增大，失稳模式以单瓣屈曲为主。

模型试验、理论计算和数值仿真具有良好的可比性，采用 Mises 解预测环间管壁临界外压具有较高的精确性，计算环间管壁临界外压时可忽略自密实混凝土对管壁的约束；自密实混凝土对加劲环的约束作用则不可忽视。从试验结果来看，钢管管壁屈服而加劲环并未发生屈服，表明按照理论强度公式判断加劲环失稳偏于保守。

参考文献

[1] He H D, Tang X W，Lin S，et al. Field experiments and numerical simulations for two types of steel tube lining structures under high internal pressure [J]. Tunnelling and Underground Space Technology，2022，120：104272.

[2] 陈高敬. 高内压作用下叠合式衬砌结构承载机理足尺模型试验研究 [D]. 广州：华南理工大学，2020.

[3] 杨光华，李志云，徐传堡，等. 盾构隧洞复合衬砌的荷载结构共同作用模型 [J]. 水力发电学报，2018，37(10)：20-30.

[4] 李代茂，严振瑞，唐欣薇，等. 叠合式衬砌结构抗外载特性足尺试验与数值研究 [J]. 岩土工程学报，2020，42(12)：2257-2263.

[5] 周济民，何川，张增. 铁路隧道管片衬砌承受高水压分界值研究 [J]. 岩土工程学报，2011，33(10)：1583-1589.

[6] Unterweger H，Ecker A. Stability of ring stiffened steel liners under external pressure [J]. Journal of Constructional Steel Research，2020，173：106270.

[7] Valdeolivas J L G，Mosquera J C. Consideration of geometric imperfections in three-dimensional finite

element model analysis of stiffened steel liners subjected to external pressure [J]. Journal of Pressure Vessel Technology，2015，137(4) .

[8] 赖华金，范崇仁 . 带加劲环埋藏式压力钢管外压屈曲的研究 [J]. 水利学报，1990 (12)：30-36.

[9] 马文亮，刘东常，刘桂芳，等 . 考虑初始缝隙因素作用钢管抗外压稳定计算的一种半解析有限元法 [J]. 华北水利水电学院学报，2005，26(1)：31-34.

[10] Wang J H，Koizumi A. Experimental investigation of buckling collapse of encased liners subjected to external water pressure [J]. Engineering Structures，2017，151：44-56.

[11] 齐文彪，张明，郑双凌，等 . 加劲环钢管均匀外压弹性屈曲解的对比分析 [J]. 水利学报，2018，49(7)：877-885.

[12] 李明，刘婕，伍鹤皋，等 . 加劲式压力钢管外压稳定性有限元屈曲分析 [J]. 水力发电，2010，36(4)：63-66.

[13] Rueda F，Marquez A，Otegui J L，et al. Buckling collapse of HDPE liners：Experimental set-up and FEM simulations [J]. Thin-Walled Structures，2016，109：103-112.

[14] 龚顺风，徐勤贵，周家伟，等 . 外压作用下深海腐蚀缺陷管道的屈曲失稳机理 [J]. 浙江大学学报（工学版），2020，54(7)：1401-1410.

[15] Zhen L，Chen J J，Qiao P，et al. Analysis and remedial treatment of a steel pipe-jacking accident in complex underground environment [J]. Engineering structures，2014，59：210-219.

[16] 中华人民共和国水利部 . 水电站压力钢管设计规范：SL/T 281—2020 [S]. 北京：北京电力出版社，2015.

[17] 伍鹤皋，胡悦，石长征，等 . 加劲环式地下埋管非线性有限元屈曲分析 [J]. 水力发电，2022，48(5)：66-72.

第6章 钢内衬联合承载结构工程应用

钢内衬联合承载结构作为一类新型输水隧洞结构形式，主要考虑钢管、自密实混凝土和管片联合承载，其结构设计及施工工艺相对复杂，对施工质量要求较高，目前尚无工程应用经验。为此，相继开展高性能混凝土及壁后注浆材料制备、材料微观受力机理、结构足尺模型和原位试验等一系列专门研究。

前期研究发现，钢内衬联合承载结构具有较好的抗内压性能，适用于不差于强风化泥质粉砂岩的岩质地层条件，从而更好地发挥结构联合承载作用；但考虑到联合承载结构未设置排水垫层，薄壁钢管结构更易受外水压力作用发生屈曲失稳。因此钢管抗外压稳定性通常成为该结构的控制条件，建议隧洞外水压力不宜过高，以保证工程的经济性。

珠江三角洲水资源配置工程在鲤鱼洲取水泵站—高新沙水库双线压力输水盾构隧洞段选取适宜段，首次将钢内衬联合承载结构推广应用于实体工程，相关结构设计、施工工艺等经验将为该结构在其他同类工程中的应用提供宝贵的参考与重要的借鉴。

经方案比选，榄核镇区段盾构隧洞（左线 LG35＋792～LG38＋713、右线 LG35＋776～LG38＋694）主要位于弱风化泥质粉砂岩，洞顶埋深为 35.1～29.0m，地层较均一，地质条件良好。洞内设计内水压力为 0.7MPa，最大外水压力为 0.38MPa，符合钢内衬联合承载结构的适用条件，见图 6-1。本章将从结构设计、施工工艺等方面详细介绍钢内衬联合承载结构在该区段推广应用的情况。

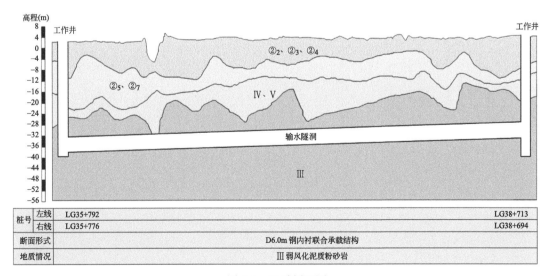

图 6-1　地质剖面图

6.1　基本资料

6.1.1　气象

气温、日照：珠江三角洲面临南海，属亚热带季风气候，常年气候温和，年平均气温在 20～23℃之间。日照时间长，年平均日照数约 1900h。

湿度：年平均相对湿度 80%，最小为 10%，最大接近 100%。

风速：冬季陆风风速较强，常达 5m/s 左右。夏季海风风速较弱，常仅 3m/s。夏秋台风风速常大于 40m/s，并引起风暴潮，易造成严重灾害。

降雨：珠江三角洲多年平均年降雨量等值线变幅为 1600～2600mm，呈现沿海大—腹地小—北沿大的地区分布特征。

蒸发量：珠江三角洲多年平均年蒸发量 890～1120mm，地区变化趋势为由北向南递增。一般夏季高温期比冬季期蒸发强度大，夏秋季 5～9 月约占全年的 70%。

6.1.2　水文地质

本段线路位于珠江三角洲地区，河网水系发育，穿越大的水道，小的河涌、鱼塘不计其数，地表水丰富。广泛分布第四系地层，含水层和透水层较多，地下水位较高。

地下水类型以孔隙性潜水为主，地表水与地下水互为补排，雨季主要以大气降水和河流、渠道补给地下水，枯水季地下水补向河流，勘察期间沿线地下水位普遍埋深较浅，多为 1.0～3.0m，揭露高程 0～2.0m，受潮汐影响较大。地下水主要受大气降雨补给，向沟谷排泄，地下水位随地形变化，一般埋深为 4.0～10.0m，大多在强风化底部～弱风化带顶部。根据钻孔揭露，②$_3$ 淤质粉细砂层、②$_5$ 细砂、泥质细砂层、②$_7$ 砂卵石层等为主要含水层。其中②$_7$ 层含水较丰富。

根据室内土工试验成果及工程经验，沿线各岩土层的渗透系数为：②$_2$ 层为极微透水层，渗透系数建议值为 $k_{20}=7\times10^{-7}$ cm/s；②$_3$ 层为中等透水层，渗透系数建议值为 $k_{20}=1.0\times10^{-3}$ cm/s；②$_4$ 层为极微透水层，渗透系数建议值为 $k_{20}=6\times10^{-7}$ cm/s；②$_5$ 层为中等透水层，渗透系数建议值为 $k_{20}=1.0\times10^{-3}$ cm/s；②$_7$ 层为强透水层，渗透系数建议值为 $k_{20}=5.0\times10^{-2}$ cm/s；全风化的砂岩、泥质粉砂岩、泥岩渗透系数建议值为 $k_{20}=1\times10^{-7}$ cm/s，为极微透水层。②$_2$ 层、②$_4$ 层和全风化带渗透性微～极微，为相对隔水层，砂层含水量丰富，中～强渗透性，具微承压～承压。

强风化砂岩、含砾砂岩、砾岩、花岗岩透水性较强，为中～强透水层；强风化泥岩、粉砂质泥岩具中～弱透水性；弱风化岩一般透水性较弱，为弱透水层；断层以张性为主，断层带较破碎，富水及渗透性较好，阻水断层少见。本段线路弱风化岩层压水试验统计见表 6-1。

弱风化岩层压水试验透水率 q 值统计　　　　　　　表 6-1

岩石种类	统计数量	最大值(Lu)	最小值(Lu)	平均值(Lu)	透水性等级
白垩系砂岩地层	22	12.96	3.17	6.0	弱透水
第三系砂岩地层	61	19.61	2.91	7.05	弱透水
奥陶系花岗岩地层	9	11.59	2.20	6.6	弱透水

6.1.3　工程地质

1. 地形地貌

区段位于广州南沙榄核镇，以冲积平原地貌为主，零星分布残丘，总体上地形平坦，地表多为农田鱼塘；本段线路穿越浅海涌、小型河涌、鱼塘等，沿线交通路网密布，穿越广珠路等主要交通要道以及镇区人流比较密集的地带。沿线地表高程约 $1.0 \sim 9.0$m，地下水埋深约 $1.0 \sim 3.0$m。

2. 地层岩性

1）第四系（Q）

区内第四系地层广泛分布，主要为珠江三角洲相沉积地层，根据沉积时代分为两个大层，全新世桂洲组（$Q_4 g$）和下伏的更新世礼乐组（$Q_3 l$），全新统和更新统分界标志为风化形成的花斑黏土层。此外，尚有少量人工填土层（Q^s）及坡积层（Q^{dl}）。开展标贯试验共 25 次，击数为 2~9 击，平均值为 3.7 击。

根据物质组成、成因等，②层全新统桂洲组（$Q_4 g$）从上向下可分为 5 个亚层。

②₂ 淤泥层：灰、灰黑色淤泥质土、淤泥，局部含少量淤质粉细砂，含有少量贝壳，黏性好，流~软塑状。为海陆交互相，分布范围广且连续，揭露厚度为 $0.5 \sim 15.3$m，多为 4~10m。开展标贯试验共 170 次，击数为 1~4 击，平均值为 2.2 击。

取原状土样 34 组，得到主要物理指标平均值为：黏粒含量 34.4%，有机质含量 $W_u = 2.75\%$，$k_{20} = 3 \times 10^{-7}$cm/s，$\rho = 1.72$g/cm³，$\rho_d = 1.16$g/cm³，$w = 49.6\%$，$e = 1.335$，$I_P = 19$，$I_L = 1.04$。力学指标平均值为：$a_V = 0.99$MPa^{-1}，属高压缩性，$E_s = 2.65$MPa；$c_Q = 6.6$kPa，$\varphi_Q = 9.5°$。

②₃ 淤泥质粉细砂，局部为中细砂、粉土、黏土薄层，松散状，为海陆交互相，北线分布广泛且连续，钻孔揭露厚度为 0.3~26m，多为 5~20m。本层标贯试验共 266 次，击数为 1~25 击，平均值为 6.4 击。

取原状样 11 组，得到主要物理指标平均值为：$G_s = 2.66$，$k_{20} = 4 \times 10^{-6}$cm/s，$\rho = 1.85$g/cm³，$\rho_d = 1.38$g/cm³，$w = 35.4\%$，$e = 0.957$，$I_P = 11.0$。力学指标：$a_V = 0.43$MPa^{-1}，属中压缩性土，$E_s = 5.71$MPa，饱和快剪凝聚力 $c_Q = 8.9$kPa，$\varphi_Q = 23.2°$。

取扰动砂样共 11 组，得到试验平均值为：$G_s = 2.66$，最小干密度 $\rho_{min} = 1.24$g/cm³，最大干密度 $\rho_{max} = 1.59$g/cm³，最小孔隙比 $e_{min} = 0.682$，最大孔隙比 $e_{max} = 1.159$，有效

粒径 $d_{10}=0.035$mm，不均匀系数 $C_u=11.2$，曲率系数 $C_c=2.8$，水上休止角 $\alpha_c=37.1°$，水下休止角 $\alpha_m=28.8°$，临界坡降 $i_k=1.28$，$k_{20}=3.47\times10^{-3}$cm/s，属中等透水。

②$_4$ 淤泥、淤泥质黏土、黏性土层：包含灰、灰黑色淤泥、淤泥质土，浅黄色黏土、灰黑色黏土、腐殖土，为海相～海陆交互相。其中，淤质土层呈软塑状，夹少量淤质粉细砂，局部含有大量贝壳。该层分布广泛且较连续，钻孔揭露厚度为 $0.9\sim30.3$m，多为 $3\sim15$m。开展标贯试验共 230 次，击数为 $1\sim9$ 击，平均值为 4.2 击。

取原状土样 46 组，主要物理指标平均值为：黏粒含量 36.3%，有机质含量 $W_u=2.9\%$，$k_{20}=2.98\times10^{-7}$cm/s，$\rho=1.76$g/cm^3，$\rho_d=1.22$g/cm^3，$w=45.9\%$，$e=1.249$，$I_P=18.1$，$I_L=1.41$。力学指标平均值为：$a_V=0.87$MPa^{-1}，属高压缩性，$E_s=3.16$MPa；$c_Q=7.7$kPa，$\varphi_Q=11.1°$。

②$_5$ 中细砂层：灰黄、灰色，含砾较少，含较多泥质、淤泥质，松散～稍密，局部分布较多粉细砂及粉质黏土、淤泥质土夹层。河流相冲积。钻孔揭露厚度为 $0.8\sim19.4$m，个别钻孔未揭穿该层。开展标贯试验共 161 次，击数为 $2\sim37$ 击，平均值为 13.1 击。

取扰动砂样共 14 组，得到试验平均值为：$G_s=2.65$，最小干密度 $\rho_{min}=1.27$g/cm^3，最大干密度 $\rho_{max}=1.71$g/cm^3，最小孔隙比 $e_{min}=0.56$，最大孔隙比 $e_{max}=1.27$，有效粒径 $d_{10}=0.023$mm，$C_u=42.71$，$C_c=5.63$，$\alpha_c=38.4°$，$\alpha_m=30.1°$，$i_k=0.97$，$k_{20}=2.16\times10^{-3}$cm/s，属中等透水。

②$_7$ 砂卵石层：灰白色、黄褐色为主，不均匀，级配较好，砾质成分以中粗粒石英颗粒为主，中密～密实，为河流相冲积，根据本阶段钻孔揭露，该层在本工程所处南沙榄核地区分布较多且连续，钻孔揭露厚度为 $0.5\sim9.4$m。本阶段该层未取样。开展标贯试验共 20 次，击数为 $12\sim50$ 击，平均值为 28.2 击。

2）基岩

沿线基岩分布主要为第三系下统莘庄村组（E_1x）紫红色复成分含砾砂岩、砂岩、粉砂岩、泥岩；白垩系下统百足山组（K_1b）泥质粉砂岩、砂岩、砂砾岩、泥岩等；奥陶系侵入的细粒斑状黑云母二长花岗岩（$O_1\eta\gamma$）。

榄核镇至高新沙水库分布第三系下统莘庄村组（E_1x）地层，以泥岩、泥质粉砂岩、砂岩、砂砾岩为主，覆盖在百足山组（K_1b）地层和奥陶系（$O_1\eta\gamma$）花岗岩上，不整合接触，岩层产状 EW/N∠$5°\sim10°$，厚层～巨厚层状。

根据钻探揭露和地表地质测绘以及地震波物探成果，区段基岩按风化程度划分为全风化带（Ⅴ）、强风化带（Ⅳ）和弱风化带（Ⅲ）。

① 全风化带（Ⅴ）：风化较透，呈粉质黏土、砂质黏土状，局部风化不均，夹强～弱风化岩块。第三系莘庄村组（E_1x）及白垩系百足山组（K_1b）地层岩石风化较透，呈粉质、砂质黏土状或黏土状，硬塑为主，表层可塑，揭露厚 $0.5\sim35$m，多为 $5\sim15$m，该层分布较连续，厚度变化较大。

取白垩系泥质粉砂岩、泥岩全风化土样 9 组，得到主要物理指标平均值为：$k_{20}=5.75\times10^{-8}$cm/s，$\rho=1.97$g/cm^3，$\rho_d=1.54$g/cm^3，$w=28.2\%$，$e=0.791$，$I_P=19.7$，$I_L=0.31$。土的力学指标平均值：$a_V=0.396$MPa^{-1}，属中等压缩性土；$E_s=4.66$MPa，

$c_Q = 10.1\text{kPa}$，$\varphi_Q = 10.5°$。

取第三系砂岩、砂砾岩土样 22 组，得到主要物理指标平均值为：$k_{20} = 2.29 \times 10^{-7}\text{cm/s}$，$\rho = 1.93\text{g/cm}^3$，$\rho_d = 1.48\text{g/cm}^3$，$w = 30.6\%$，$e = 0.868$，$I_P = 19.1$，$I_L = 0.49$。土的力学指标平均值：$a_V = 0.43\text{MPa}^{-1}$，属中等压缩性土；$E_s = 4.49\text{MPa}$，$c_Q = 7.9\text{kPa}$，$\varphi_Q = 13.5°$。

② 强风化带（Ⅳ）：强风化岩体裂隙发育，岩质较软，岩芯多呈碎块状，完整性差。局部风化不均，夹有全风化土或弱风化岩块。

莘庄村组（E_1x）：在榄核镇地钻孔有揭露，钻孔揭露厚度为 0.7～19.2m。岩芯多较破碎，块状、短柱状为主，声波测试纵波速度平均值是 3050m/s，范围值为 2433～3745m/s。完整性系数平均值为 0.46，范围值为 0.27～0.68，岩体较破碎。

③ 弱风化带（Ⅲ）：弱风化岩体裂隙较发育，岩质坚硬，钻孔岩芯多呈柱状，完整性较好。

莘庄村组（E_1x）：在榄核镇大量揭露。岩芯多呈柱状，RQD 值多在 50%～90%，本阶段在南沙地区取 34 组泥质粉砂岩岩样，试验成果为：颗粒密度 $\rho_P = 2.72\text{g/cm}^3$，饱和密度 $\rho_s = 2.51\text{g/cm}^3$，烘干弹性模量 $E_e = 7127\text{MPa}$，烘干泊松比 $\mu = 0.19$，饱和单轴抗压强度 $R_s = 14.1\text{MPa}$，烘干单轴抗压强度 $R_d = 39.2\text{MPa}$，软化系数为 0.36，为软岩，软化岩石。

莘庄村组代表岩性为泥质粉砂岩，根据岩矿鉴定成果，泥质粉砂岩岩石为变余砂状结构，原岩碎屑物以石英为主，其次为长石等，填隙物为泥质、钙质及少量铁质，碎屑物粒径主要为粉砂，石英呈次棱角状、次圆状，粒径范围在 0.01 代表岩性为泥，以粉砂为主，局部少许达到细砂，石英含量为 50%～75%。

3. 地质构造

地质构造以断层为主，在三角洲平原区第四系覆盖层分布较广，断层多为掩埋基底断层，沿线丘陵山区植被发育，露头也较少，在一些采石场、公路边坡露头较好部位可见少量小断层。

6.1.4　各岩土层主要物理力学参数

根据室内岩土试验成果统计和现场试验结果，类比相关工程经验，提出各岩土层的物理力学参数建议值，见表 6-2～表 6-4。

表6-2

各岩土层主要物理力学参数建议值

层序			②₂	②₃	②₄	②₅	②₇	(V) 全风化土		(IV)	(III)
主要岩性			淤泥	含淤泥质粉细砂、细砂	淤泥、淤泥质黏土	泥质粉细砂、中细砂	砂卵石	泥质粉砂岩、泥岩	砂岩、砂砾岩	强风化 泥质、粉砂岩、砂岩	弱风化 泥质、粉砂岩、砂岩
天然密度	ρ	g/cm³	1.72	1.85	1.76			1.97	1.93		
干密度	ρ_d	g/cm³	1.16	1.38	1.22			1.54	1.48		
比重	G_s		2.67	2.66	2.68	2.65		2.74	2.76		
压缩系数	a_v	MPa⁻¹	0.99	0.43	0.87			0.4	0.43		
压缩模量	E_s	MPa	2.65	5.71	3.16			4.66	4.49		
水上休止角	a_c	°		37		38	37				
水下休止角	a_m	°		29		30	30				
承载力特征值	f_{ak}	kPa	50~70	90~110	60~80	100~120	250~350	160~220	160~220	400~600	1000~1500
渗透系数	k	cm/s	7×10⁻⁷	3×10⁻³	2×10⁻⁷	2×10⁻³	5×10⁻²	6×10⁻⁸	2×10⁻⁷		
饱和快剪强度	c_Q	kPa	4	8	6			10	10		
	φ_Q	°	6	23	7			11	19		
总抗剪强度	c_{cu}	kPa	7		11						
	φ_{cu}	°	9		16						
有效抗剪强度	c'	kPa	10		14						
	φ'	°	12		20						
基础与地基土间摩擦系数	f		0.1~0.15	0.3~0.4	0.1~0.15	0.35~0.45	0.5~0.55	0.25~0.35			

表 6-3

岩石物理力学参数建议值

岩石分类（弱风化）	颗粒密度 ρ_p g/cm³	块体密度			弹性模量			泊松比			单轴抗压强度			石英含量	岩石 CAI 磨蚀值 (0.1mm)	磨蚀性等级
		饱和 ρ_s g/cm³	天然 ρ_n g/cm³	烘干 ρ_d g/cm³	饱和 E_{es} MPa	天然 E_{en} MPa	烘干 E_{ed} MPa	饱和 μ_s	天然 μ_n	烘干 μ_d	饱和 R_s MPa	天然 R_n MPa	烘干 R_d MPa			
白垩系 K_1b 泥质粉砂岩、泥岩（软质岩）	2.73	2.58	2.54	2.49	10826	10230	14586	0.23	0.23	0.28	15	25	48		0.64	非常低
钙质泥岩（硬质岩）	2.71	2.65	2.64	2.62	26375	39150	25175	0.29	0.32	0.19	55	93	98	泥岩类:7%（2%～20%）砂岩类:53%（30%～80%）砾岩类:26%（15%～35%）	1.03	低
砂岩、砾岩（硬质岩）	2.71	2.64	2.63	2.60	27620	37384	35671	0.28	0.24	0.22	76	80	91		2.52	中等
第三系 E_1x 泥质粉砂岩、泥岩（软质岩）	2.72	2.53	2.49	2.41	5534	5941	7126	0.23	0.21	0.19	16	19	26		0.97	低
砂岩、砾岩（硬质岩）	2.70	2.60	2.58	2.54	19615	22271	8243	0.26	0.27	0.19	69	68	46		2.29	中等

各类围岩主要力学参数地质建议值　　　　　　　　表 6-4

围岩类别	内摩擦角 $\varphi'(°)$	凝聚力 $c'(MPa)$	变形模量 $E_0(GPa)$	泊松比 μ	坚固系数 f	单位弹性抗力系数 $K_0(MPa/m)$
Ⅰ	52～56	1.8～2.2	＞20	0.17～0.22	＞7	＞7000
Ⅱ	48～52	1.3～1.8	10～20	0.22～0.25	5～7	5000～7000
Ⅲ	35～48	0.6～1.3	5～10	0.25～0.30	3～5	3000～5000
Ⅳ	27～35	0.3～0.6	1～5	0.30～0.35	1～3	500～3000
Ⅴ	19～27	＜0.2	＜1	＞0.35	＜1	＜500

注：本表适用于基岩隧洞，不适用于黄土及其他覆盖层隧洞

6.2　设计原则与要求

6.2.1　设计原则

盾构隧洞采用钢内衬联合受力结构方案，设计原则主要有：

（1）盾构管片和钢内衬结构共同承担内、外水压力、围岩压力和土压力，工作内水压力为 0.6MPa，设计内水压力为 0.7MPa，设计外水压力为 0.38MPa；

（2）盾构管片结构设计应满足持久状况、短暂状况、偶然状况计算要求，应满足管片承载力、接头验算、千斤顶推力验算等要求；

（3）盾构隧洞钢内衬应满足抗内压及抗外压结构计算要求；

（4）盾构隧洞应满足抗浮设计要求；

（5）盾构隧洞应满足防腐、防渗设计要求。

6.2.2　工程合理使用年限及耐久性要求

1. 工程合理使用年限

本工程为Ⅰ等大（1）型供水工程，根据《水利水电工程合理使用年限及耐久性设计规范》SL 654—2014[1]，确定工程合理使用年限为 100 年，输水干线各主要建筑物级别为 1 级，主要建筑物合理使用年限为 100 年。

2. 工程耐久性设计要求

1）主要建筑物所处环境类别

根据地质环境腐蚀性综合评定，区段环境水对钢筋混凝土结构中钢筋大多无腐蚀性～弱腐蚀性；对混凝土的腐蚀性一般呈无腐蚀性～弱腐蚀性，区段主要建筑物所处环境类别为二类环境。

2）构造要求

根据《水工混凝土结构设计规范》SL 191—2008[2]，本区段主要建筑物钢筋混凝土构件表面最大裂缝宽度限值如表 6-5 所示（盾构管片裂缝控制值主要参考《铁路隧道盾构法

技术规程》TB 10181—2017[3]）。

混凝土构件表面最大裂缝宽度限值 ω_{lim} 和裂缝控制等级 　　表 6-5

环境类别	钢筋混凝土结构	预应力混凝土结构		盾构管片
	最大裂缝宽度限值 ω_{lim}(mm)	裂缝控制等级	ω_{lim}(mm)	最大裂缝宽度限值 ω_{lim}(mm)
二	0.30	二	不允许	0.20
三	0.25	一	不允许	

本工程水工结构的合理使用年限为 100 年，故适当增加钢筋的混凝土保护层最小厚度，如表 6-6 所示。

混凝土保护层最小厚度（单位：mm）　　表 6-6

构件类别		环境类别	
		二	三
盾构管片	迎土侧	35	40
	背土侧	25	30

3. 材料要求

本区段盾构隧洞管片混凝土强度等级为 C55，自密实混凝土强度等级为 C30。

钢筋混凝土结构材料要求：按照《水工混凝土结构设计规范》SL 191—2008[2] 要求，采用低碱水泥，总碱含量（当量氧化钠）低于 0.6%，不得采用碱活性骨料，不得采用受到海水作用的砂石，不得采用海水拌合，混凝土总碱含量小于 2.5kg/m³，最大氯离子含量小于 0.06%（设计年限 100 年），最小水泥用量不低于 300kg/m³，最大水灰比不大于 0.50。

本区段盾构隧洞管片混凝土抗渗等级为 P12 级。

6.2.3　地震设防烈度

根据剪切波测试成果，按照《建筑抗震设计规范》GB 50011—2010[4] 相关规定，判定工程场地土类型为中软土，建筑场地类别属于 II 类。

近场区地震地质调查结果表明，工程沿线的断裂构造均为非全新世活动断裂，为基底断裂。区内历史上未发生过 $M_s \geqslant 4.7$ 级破坏性地震，岩土和地形地貌条件都比较有利，符合有关工程选址要求。

沿线 50 年超越概率 10% 的地震动峰值加速度为 0.10g，地震动反应谱特征周期为 0.35s，相应的地震基本烈度为 VII 度，区域构造稳定性分级属于稳定性较好。根据《水工建筑物抗震设计规范》GB 51247—2018[5]，确定本工程抗震设防类别为乙类，建筑物设计烈度为 7 度，设计地震动峰值加速度采用 0.10g。

6.2.4　安全系数

盾构隧洞的抗浮稳定性抗力系数不低于 1.10。其中，设置钢内衬的盾构隧洞需对钢管管壁截面进行稳定验算，各种作用均采用标准值，加劲环钢管抗外压稳定安全系数不低于1.8。

6.2.5 盾构隧洞壁后注浆

盾构隧洞修建过程中，及时充分的壁后注浆可有效地减少由于盾构法施工引起的土层损失，避免隧洞自身或地表发生较大沉降等。壁后注浆所用水泥应符合现行国家标准《通用硅酸盐水泥》GB 175—2007[6]的规定，配制同步注浆材料不得采用结块的水泥，不同品牌和强度等级的水泥不得混用。壁后注浆掺用的粉煤灰应符合现行国家标准《用于水泥和混凝土中的粉煤灰》GB/T 1596—2017[7]的规定；磨细粉煤灰应符合现行国家标准《矿物掺合料应用技术规范》GB/T 51003—2014[8]的规定。膨润土应符合现行国家标准《膨润土》GB/T 20973—2020[9]的规定。盾构工程同步注浆材料不宜使用粗骨料。细骨料应符合现行行业标准《普通混凝土用砂、石质量及检验方法标准》JGJ 52—2006[10]的规定。再生细骨料其他性能指标应符合现行国家标准《混凝土和砂浆用再生细骨料》GB/T 25176—2010[11]的规定。盾构同步注浆材料浆液表观密度不宜低于1850kg/m³。同步注浆的注浆量宜按下式进行计算：

$$Q = \lambda \times \pi(D^2 - d^2)L/4 \tag{6-1}$$

式中　Q——注浆量（m³）；

　　　λ——充填系数；

　　　D——盾构切削外径（m）；

　　　d——预制管片外径（m）；

　　　L——每次充填长度（m）。

根据《盾构法隧道施工及验收规范》GB 50446—2017[12]，同步注浆注浆量充填系数应根据地层条件、施工状态和环境要求确定，充填系数宜为1.30～2.50。

本区间盾构隧洞主要位于弱风化岩层，盾构掘进衬砌完管片后岩层回弹变形小，因此壁后注浆量宜不少于全风化层、冲积土层等地质条件下的壁后注浆量。考虑投资控制因素，确定壁后注浆量充填系数为1.6。参考《盾构工程同步注浆材料应用技术规程》，水泥基同步注浆材料配合比推荐参数为：水胶比0.45～0.80；胶砂比≥0.4；膨润土掺量5%～20%；水泥掺量≥15%。

联合承载结构区间壁后注浆要求更为严格，管片与地层间壁后注浆应填充密实。盾构工程同步注浆施工结束3d后，采用地质雷达等设备检测注浆密实性。当检测存在空腔时，应进行二次注浆，直至检测密实为止，二次注浆压力与同步注浆压力相同，注浆压力以高于注浆口水土压力0.1～0.2MPa控制。注浆后，应封堵注浆口。

6.3 结构设计

6.3.1 标准断面

本区段输水隧洞管顶最大纵向埋深达35m，依据上述设计原则和要求，衬砌外层采用

预制钢筋混凝土管片，外径为 6.0m，内径为 5.4m，衬砌管片厚度为 0.3m，衬砌环宽为
1.5m，衬砌管片通过螺栓连接。内层采用 DN4800 钢管，材质 Q345C，壁厚为 16mm。内
衬钢管外侧设置加劲环，加劲环采用钢材 Q355C，高为 120mm，宽为 24mm，间距为
1.2m。内衬钢管与盾构管片之间填充 C30 高性能自密实混凝土。

为减少两盾构隧洞开挖的相互影响，盾构隧洞最小净距取 1 倍洞径，最小净距为
6.0m；两条盾构隧洞同时施工时，掌子面需错开一定距离。

结构断面如图 6-2 所示。

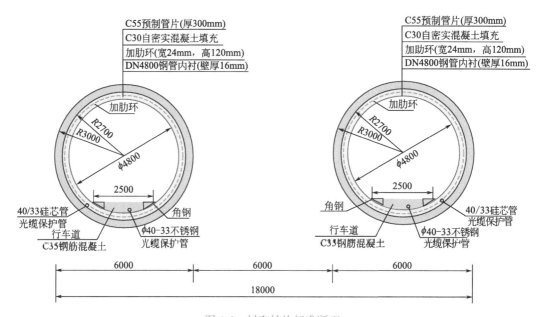

图 6-2　衬砌结构标准断面

6.3.2　管片计算

依据隧洞深埋布置的实际埋深情况，选取典型断面采用修正惯用法[13]开展管片结
构计算。水土压力荷载体系如图 6-3 所示，地层抗力采用地层全周弹簧模型，如图 6-4
所示。

其中，p_0 为地面超载；p_{w1}、q_{w1}、q_{w2} 为水压力；p_{e1}、q_{e1}、q_{e2} 为土压力；q_r 为地层
抗力（$q_r = k\delta$，其中，k 为水平方向上的地层抗力系数，δ 为管片环中点偏向地层的位
移）；p_r 为垂直荷载反力（$p_r = p_{w1} + p_{e1}$）；g_1 为管片自重；p_{g1} 为自重反力（$p_{g1} = \pi g_1$，
其中 π 为圆周率）；H 为覆土厚度；H_w 为到地下水位的覆土厚度；R_1、R_2 和 R_3 分别为
隧道外径、内径和形心半径。

针对管片结构的承载能力极限状态和正常使用极限状态开展分析计算，经验算，在持
久状况、短暂状况及偶然状况设计工况下，管片内力、位移、应力、接头及千斤顶推力等
均满足设计要求。

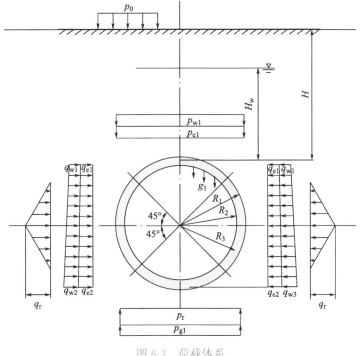

图 6-3　荷载体系

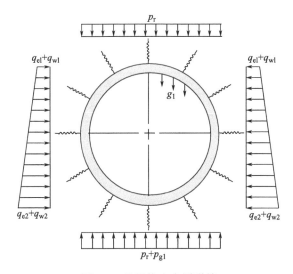

图 6-4　地层抗力全周弹簧

6.3.3　钢管抗内压计算

根据相关资料[14-15]，钢管在流速 1.8m/s 情况下年腐蚀速度为 0.7mm/a，但当出现局部或干扰腐蚀时，壁厚 8～9mm 钢管将在 2～3 个月内发生穿孔。《工业循环冷却水处理设计规范》GB/T 50050—2017[16] 规定碳钢腐蚀速率＜0.075mm/a，不锈钢腐蚀速率＜0.005mm/a。因此，综合考虑钢管腐蚀厚度要求、钢结构腐蚀速率、钢结构板材负偏差、钢结构防腐耐久性影响及工程 100 年设计年限要求，本区段钢管及加劲环锈蚀厚度取 4mm。

区别于暴露空气中的明管，内衬钢管外包自密实混凝土，可按地下埋管结构进行计算。根据《水利水电工程压力钢管设计规范》SL/T 281—2020[17]，计算式如下：

$$\sigma_\theta = \frac{P_0 r}{t_0} \tag{6-2}$$

$$[\sigma] = 0.67\sigma_s \tag{6-3}$$

$$\sqrt{\sigma_x^2 + \sigma_\theta^2 - \sigma_x\sigma_\theta + 3\tau_{x\theta}^2} \leqslant \phi[\sigma] \tag{6-4}$$

式中　P_0——径向均布压力（N/mm²）；

　　　r——钢管内半径（mm）；

　　　t_0——钢管管壁计算厚度（mm）；

　　　σ_s——钢管屈服强度（N/mm²），管壁厚度 $t \leqslant 16$mm，取 $\sigma_s = 345$N/mm²，管壁厚度 16mm$< t \leqslant 34$mm，取 $\sigma_s = 325$N/mm²；

　σ_x、σ_θ——轴向、环向正应力（N/mm²），以拉为正；

　　　$\tau_{x\theta}$——剪应力（N/mm²）；

　　　ϕ——焊缝系数，取 0.9；

　　　$[\sigma]$——相应工况的允许应力（N/mm²）。

经计算，$\sigma_\theta < \varphi[\sigma]$，满足结构计算要求，见表 6-7。可见，钢管壁厚采用 16mm 可满足内水压力承载要求。

钢管抗内压计算 表 6-7

	符号	单位	
钢管管材屈服强度	σ	N/mm²	345
管壁厚度	t	mm	16
管壁计算厚度	t_0	mm	12
管道内径	D	mm	4800
设计内水压力	P_0	MPa	0.80
焊缝系数	φ		0.9
钢管允许应力	$[\sigma]$	N/mm²	189.75
钢管环向应力	σ_θ	N/mm²	160
	$\varphi[\sigma]$	N/mm²	171
判别	$\sigma_\theta < \varphi[\sigma]$		满足

6.3.4　钢管抗外压计算

根据纵断面方案盾构隧洞的埋深情况，最大外水压力水头按地表至隧洞中心线的距离进行计算。按《水利水电工程压力钢管设计规范》SL/T 281—2020[17]，地下埋管加劲环式钢管进行抗外压稳定计算。其中，考虑到钢内衬联合承载结构未设置复合排水板，钢管抗外压计算不折减外水压力。

1. 加劲环间管壁的抗外压稳定计算

采用 Mises 公式计算加劲环间管壁的临界外压：

$$P_{cr} = \frac{Et}{(n^2-1)\left(1+\dfrac{n^2 l^2}{\pi^2 r^2}\right)^2 r} + \frac{E}{12(1-\mu^2)}\left(n^2-1+\frac{2n^2-1-\mu}{1+\dfrac{n^2 l^2}{\pi^2 r^2}}\right)\frac{t^3}{r^3} \tag{6-5}$$

$$n = 2.74\left(\frac{r}{l}\right)^{\frac{1}{2}}\left(\frac{r}{t}\right)^{\frac{1}{4}} \tag{6-6}$$

$$K = \frac{P_{cr}}{P_{0k}} \tag{6-7}$$

式中　P_{cr}——临界外压（N/mm²）；

E——钢材弹性模量（N/mm²）；

t——钢管管壁计算厚度（mm）；

r——钢管内径（mm）；

n——相应于最小临界压力的波数；

l——加劲环间距（mm）；

P_{0k}——径向均布外压标准值（N/mm²）；

K——抗外压稳定安全系数。

2. 加劲环的抗外压稳定计算

加劲环的临界外压计算：

$$P_{cr} = \frac{\sigma_s F}{r_1 l} \tag{6-8}$$

式中　σ_s——钢管屈服强度（N/mm²）；

F——加劲环有效截面积（包括管壁等效翼缘，mm²）；

r_1——钢管内径（mm）；

l——加劲环间距（mm）。

经计算，钢管壁厚受外压条件控制，加劲环间管壁呈多波屈曲变形，临界外压相对较高；加劲环临界外压按强度条件计算，为钢管抗外压稳定的控制点，抗外压稳定安全系数大于 1.8，满足规范要求。

6.3.5　隧洞抗浮验算

选取最不利工况（隧洞内无水、不考虑土层摩擦力对隧洞抗浮的有利作用），采用下式进行隧洞抗浮验算：

$$k_f = \frac{\Sigma G}{F_{浮}} = \frac{G_{土} + G_{衬砌}}{F_{浮}} \tag{6-9}$$

式中　$G_{土}$——覆土重（kN/m），地下水位以下按浮土计，本次计算水位与地表齐平；

$G_{衬砌}$——衬砌重（kN/m）；

$F_浮$——隧洞所受浮力（kN/m）。

经计算，满足盾构管片抗浮稳定的最小覆土厚度为 3.7m。本区段盾构隧洞覆土厚度均大于 3.7m，因此，满足抗浮稳定要求。

6.4 隧洞施工

6.4.1 施工工序

钢内衬联合衬砌结构施工工序如下：

1. 土压平衡盾构开挖、出渣

采用 $\phi6280$ 土压平衡式盾构机进行隧道开挖，通过刀盘旋转切削开挖面泥土，破碎的泥土经刀盘开口进入土仓并落至底部，由螺旋输送机运至皮带输送机并输送至渣车；再由渣车水平运输至洞口，通过龙门式起重机垂直吊运至地面卸料。采用 $2m^3$ 反铲挖掘机装载开挖渣料，通过自卸汽车运至指定的弃料点。

2. 管片安装

从现有管片生产厂家外购衬砌管片，由龙门式起重机将管片吊运至工作井中，采用运输台车将管片水平运输至盾构机，并进行安装作业。

3. 钢管运输及安装

（1）钢管运输及制作

钢板运至现场钢管加工厂，经除锈、卷管、焊接、喷涂防腐层等工艺制成管节。吊运钢管至 100t 平板拖车，运输至工区堆管场，采用履带起重机进行钢管卸管和堆放。

（2）吊运入井

由龙门式起重机从堆管场吊运管节至盾构井内。

（3）洞外焊接

在盾构工作井设置焊接转台，采用埋弧自动焊、双面焊接，将两节 6m 长钢管焊接成 1 根 12m 长钢管段。

（4）洞内运输和对接

采用"电瓶车+轨道+台车"运输方式在洞内实施钢管的运输与对接。其中，采用盾构施工同型号的电瓶车，推动台车驮运钢管；轨道采用长为 11m 的整体式"活动轨道"（由轻轨、槽钢和枕木预制而成）。

（5）洞内焊接

钢管对接后，在隧洞内完成钢管内环缝焊接。采用焊条打底+CO_2 充填焊，单面焊接双面成型，多采用立面焊和仰面焊。

4. 自密实混凝土浇筑

管片与钢管的间隙充填 C30 自密实混凝土，每节浇筑长度为 36m，采用厚 4mm 的钢板端头封堵。由 $6m^3$ 混凝土搅拌车运输自密实混凝土至现场，再将自密实混凝土由预留孔泵送至指定位置。为防止浇筑时出现漂管现象，当混凝土最低点浇筑至 1/3 或距管中心线以下 1.8m 处时，采用间歇浇筑，确保已浇自密实混凝土骨料下沉减少浮力；当自密实混凝土浇筑至管中心线以上 50cm 时，恢复连续浇筑直至混凝土全部浇筑至洞顶。

5. 盾构隧洞施工通风、用电和抽排水

洞内采用压入式通风方式，采用轴流式通风机 2×55kW（风压为 4.8kPa，流量为 $1000\text{m}^3/\text{min}$），通过 PVC 软风管（直径为 1m）压入通风。从洞外引 10kV 高压电缆接入盾构机，确保洞内盾构设备运行。

施工期盾构隧洞洞内排水主要来自于正常掘进用水，如，管片清洗、盾构机清理、掘进过程中出现的漏浆和喷涌，以及因管片质量问题引起的渗水和漏水等。采用潜水泵（流量为 $25\text{m}^3/\text{h}$，扬程为 32m）抽水至洞外。

6.4.2 钢管制作

钢管作为钢内衬联合承载结构的重要构件，其制作流程主要包括切割下料、卷圆焊接、节管对接、加劲环焊接及钢管防腐等工艺，如图 6-5 所示。将钢板吊装至半自动下料平台进行画线切割，验收合格后，输送至卷板机脱轨进行压头卷制。作业完成后，吊装至纵向焊接平台进行纵缝焊接，形成钢管。将钢管吊运至旋转台车，在钢管内部安装矫圆装置，利用液压撑圆钢管。

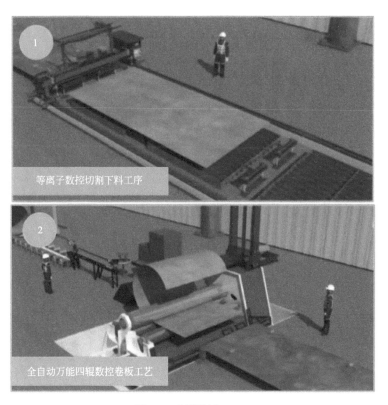

图 6-5　钢管制作（一）

图 6-5　钢管制作（二）

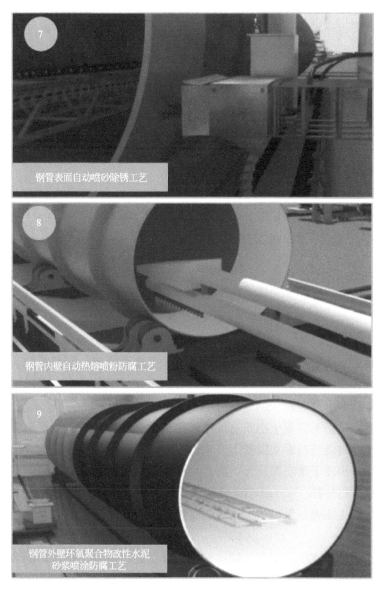

图 6-5　钢管制作（三）

从钢管中移出矫圆架，并将钢管吊装至旋转台，旋转钢管；同时，在机械臂上设置自动跟踪系统，对钢管焊缝进行自动识别与定位，采用双丝焊枪机械臂对角焊缝进行对称焊接。将钢管吊装至大组旋转台车上，两两组装成 6m 长的管节进行环缝压缝作业，使用焊接机械臂进行环缝焊接，将两个已完成焊接的管节组装成大节进行环缝焊接，打磨清理焊缝并加以检测。

旋转钢管至合适安装加劲环位置，采用机械手抓起加劲环移动至安装位置，人工校对并进行电焊加固。本区段钢管直径大、防腐要求高，需采用专用机器对钢管内外壁表面自动喷砂除锈，提高施工效率，解决加劲环处除锈难题。内防腐采用热熔结环氧粉末防腐工艺，采用中频加热施工方式，大直径钢管环氧粉末施工需要在旋转台车上全管预热、螺旋加热约 220℃，再喷涂熔结环氧粉末，干膜厚为 450μm，实现钢管与熔结环氧粉末防腐涂层粘结。外防腐采用环氧聚合物改性水泥砂浆，干膜厚为 1000μm，施工采用高压无气喷涂方式。

6.4.3 自密实混凝土浇筑要求

自密实混凝土的施工与检验除满足第 2 章的技术要求外，还应满足《自密实混凝土应用技术规程》T/CECS 203—2021[18] 和《混凝土结构工程施工规范》GB/T 50666—2011[19] 的有关规定。

1. 拌合

自密实混凝土应采用强制式搅拌机进行拌和，并适当延长搅拌时间，搅拌时间需要根据混凝土配合比、气温、工作性能等确定。

2. 运输

自密实混凝土的生产地点与浇筑点水平距离超过 200m 时，宜使用混凝土搅拌车进行水平运输，不超过 200m 时可使用混凝土泵水平运输并完成浇筑。

3. 浇筑

自密实混凝土宜采用混凝土输送泵进行浇筑，可使用溜槽、溜筒或门式起重机、缆机等设备运输，不宜使用各类胶带机运输。除非专门设计与试验论证，自密实混凝土浇筑时的最大自由下落高度不宜超过 5m。具体如下：

（1）为防止在自密实混凝土浇筑过程中产生浮管现象，自密实混凝土应实行分仓分层浇筑，严格控制仓内浇筑自密实混凝土产生的浮力，不能超过钢管自重。自密实混凝土近似为宾汉姆流体，相较于常态混凝土，所产生的侧压力较大，在计算侧压力及浮力时，需采用混凝土重度进行计算。

（2）混凝土输送压力、泵机功率、输送管内径等应满足自密实混凝土长距离高泵送的要求。

（3）混凝土泵送前建议采用水、同比例砂浆分别进行润管工作，降低管道糙率，在水润管后应将水全部排出，保证泵管内壁湿润但无存水的状态下再开始砂浆润管。

（4）保证泵管连接处的密闭性。

（5）混凝土入泵后，运输间隔所导致的混凝土在泵管内的静置，会引起骨料下沉，浆体骨料分离，具有较大的堵管风险，建议自密实混凝土在泵管内的静置时间不超过15min。

（6）从低处向高处浇筑自密实混凝土，利用钢内衬顶部浇筑孔和端部收口网控制排气，防止因排气不畅导致内衬钢管变形或屈曲失稳。

4. 浇筑后期入仓压力控制、灌浆压力及结束标准

在自密实混凝土浇筑后期及封口灌浆阶段，由于钢管外侧空腔逐渐被自密实混凝土和浆液填满，钢内衬将承受浇筑、灌浆压力。为了满足钢内衬变形及抗外压稳定要求，根据《水工建筑物水泥灌浆施工技术规范》SL/T 62—2020[20] 中钢内衬接触灌浆的相关规定，确定自密实混凝土浇筑后期入仓压力控制、灌浆压力要求及灌浆结束标准，即：

（1）浇筑后期入仓压力不允许超过 0.1MPa；

（2）不允许灌浆压力超过 0.1MPa；

（3）在 0.1MPa 灌浆压力下灌浆孔停止吸浆，延续灌注 5min，即可结束灌浆。

5. 浇筑密实性

（1）当自密实混凝土满足性能要求时，其浇筑密实性主要通过施工工艺控制来实现。供参考的施工工艺控制方法主要有：

① 实测浇筑体积。通过对比自密实混凝土的实际浇筑量与空腔的理论填筑量，确定混凝土填充效果；

② 利用钢内衬顶部浇筑。灌浆孔配合插入隧洞顶部的观测导管，根据观测导管的出浆情况，判断自密实混凝土顶部是否填充密实；

③ 通过地面可视化施工工艺试验，抽芯检测浇筑模型的密实性，总结一套可靠的自密实混凝土施工工艺控制方法。

（2）脱空控制标准、检测频率与方法：

① 根据《水工建筑物水泥灌浆施工技术规范》SL/T 62—2020[20]，每延米脱空面积应小于 $0.5m^2$，脱空高度小于 2cm。

② 采用冲击回波、阵列超声横波反射成像等方法相结合的综合检测技术进行检测，并通过顶部浇筑孔钻孔取芯相互验证。每个浇筑段应有严格控制施工工艺的相关记录，在施工工艺严格控制并满足自密实混凝土密实性要求的情况下，可按 10% 的比例进行抽检。一旦发现抽检不合格，立即整改施工工艺，确保浇筑的密实性。

③ 对不能满足脱空要求的部位按要求"4. 浇筑后期入仓压力控制、灌浆压力及结束标准"进行灌浆处理。

6. 其他

（1）未尽事宜按照《水工自密实混凝土技术规程》DL/T 5720—2015[21]的相关要求执行；

（2）现场应做好相关防范措施，确保自密实混凝土的施工安全。

6.4.4　现场施工

盾构机向前掘进并拼装管片，在管片壁后同步注浆以及填充隧洞与围岩的空隙，控制地表沉降，管片与地层间壁后注浆应填充密实。盾构隧洞贯穿后，开展钢管内衬施工，如图 6-6 所示。

与此同时，在钢管加工厂，按 6.4.2 节中的工艺制作钢管，如图 6-7 所示。为了防止金属钢管接口被腐蚀，本区段采用阴极保护技术，在阴极保护块上对钢管进行验收与焊接，如图 6-8 所示。

完成复杂工序后，钢管出厂，并运输至施工场地，如图 6-9 所示，等待吊装下井。其中，每节钢管长达 12m，内径为 4.8m，质量约 23t。采用龙门式起重机完成钢管吊装作业，将钢管吊起、平移、放下。其中，井上、井下、空中操作人员需密切配合，确保万无一失，如图 6-10 所示。

图 6-6　管片拼装

图 6-7　钢管加工

图 6-8　防腐处理

图 6-9　钢管运输

图 6-10　钢管吊装

　　钢管与洞内壁距离最小约 16cm，为解决在狭小隧洞中，超大直径输水钢管的运输和安装的技术难题，本工程研发了可以完成钢管运输和组对调节为一体的专用设备 DCY45 型液压台车，该台车可满足隧洞内穿管、水平运输、重载爬坡、钢管组对调节的要求，助力钢管安装。钢管顺利下井后，一体化台车把巨大起重臂伸入钢管内，把钢管稳稳托起，沿着隧洞缓缓驶入预定点位，如图 6-11 所示。

　　钢管运输到位后，复测其定位、校核其测量数据并对工作面进行清理，为后续施工提供较整洁作业环境，如图 6-12 所示。

　　对钢管进行支撑和加固，并进行钢管压缝焊接。随即台车退场，再对钢管环缝焊接反复打磨、查漏补缺，如图 6-13 所示。

　　钢管每安装完成 24m 后，便浇筑一段自密实混凝土。在钢管安装固定后，每隔 24m 进行全环分仓封堵和固定。利用订制台车接入注浆管，通过钢管预留 2 个浇筑断面、6 个孔位注入自密实混凝土，自下而上分 4 次浇筑，两侧均衡对称上升，控制浇筑速度不超过 2m/h，避免钢管上浮、移动，如图 6-14 所示。

图 6-11　台车作业

图 6-12　工作面清理

图 6-13　环缝处理

图 6-14 自密实混凝土浇筑

将一节节钢管逐步连接，形成圆形钢管隧洞，如图 6-15 所示。

图 6-15 钢管隧洞内景

根据设计要求安装通信光缆预埋硅芯管，硅芯管内敷设光缆，采用水流敷设法；同时铺设行车道等，如图 6-16 所示，完成钢内衬结构施工。

图 6-16 敷设管线

6.5 小结

钢内衬联合承载结构可以充分发挥材料性能，共同分担内水压力，进一步优化衬砌结构形式。钢管的体型设计除了满足内压承载要求外，还需满足钢管抗外压稳定要求。作为钢内衬联合承载结构在工程中的首次应用，本区段从衬砌结构设计、钢管加工及安装、混凝土浇筑等方面进行了详细的介绍，为该结构在其他同类工程中的推广与应用提供设计与施工参考。

鉴于钢内衬联合承载结构鲜有应用案例，本区段仍需在后续运营阶段对衬砌结构进行长期监测；同时，深入开展复杂工况下衬砌结构承载变形机理研究，结合实践经验，不断完善及优化设计理论。

参考文献

[1] 中华人民共和国水利部. 水利水电工程合理使用年限及耐久性设计规范：SL 654—2014 ［S］. 北京：中国水利水电出版社，2014.

[2] 中华人民共和国水利部. 水工混凝土结构设计规范：SL 191—2008 ［S］. 北京：中国水利水电出版社，2009.

[3] 国家铁路局. 铁路隧道盾构法技术规程：TB 10181—2017 ［S］. 北京：铁道出版社，2018.

[4] 中华人民共和国住房和城乡建设部. 建筑抗震设计规范：GB 50011—2010 ［S］. 北京：中国建筑工业出版社，2016.

[5] 中华人民共和国住房和城乡建设部. 水工建筑物抗震设计规范：GB 51247—2018 ［S］. 北京：中国计划出版社，2018.

[6] 中华人民共和国国家质量监督检验检疫总局，中国国家标准化管理委员会. 通用硅酸盐水泥：GB 175—2007 ［S］. 北京：中国标准出版社，2007.

[7] 中华人民共和国国家质量监督检验检疫总局，中国国家标准化管理委员会. 用于水泥和混凝土中的粉煤灰：GB/T 1596—2017 ［S］. 北京：中国标准出版社，2017.

[8] 中华人民共和国住房和城乡建设部. 矿物掺合料应用技术规范：GB/T 51003—2014 ［S］. 北京：中国建筑工业出版社，2014.

[9] 国家技术监督总局. 膨润土：GB/T 20973—2020 ［S］. 北京：中国标准出版社，2020.

[10] 中华人民共和国建设部. 普通混凝土用砂、石质量及检验方法标准：JGJ 52—2006 ［S］. 北京：中国建筑工业出版社，2006.

[11] 中华人民共和国住房和城乡建设部. 混凝土和砂浆用再生细骨料：GB/T 25176—2010 ［S］. 北京：中国标准出版社，2010.

[12] 中华人民共和国住房和城乡建设部. 盾构法隧道施工及验收规范：GB 50446—2017 ［S］. 北京：中国建筑工业出版社，2017.

[13] 小泉淳. 盾构隧道管片设计：从容许应力设计法到极限状态设计法 ［M］. 官林星，译. 北京：中国建筑工业出版社，2012.

[14] 广东省水利电力勘测设计研究院. 珠江三角洲水资源配置工程输水隧洞内衬钢管防腐蚀专题研究报告 ［R］. 广州：广东省水利电力勘测设计研究院，2019.

[15] 广东省水利电力勘测设计研究院．珠江三角洲水资源配置工程初步设计报告［R］．广州：广东省水利电力勘测设计研究院，2019.

[16] 中华人民共和国住房和城乡建设部．工业循环冷却水处理设计规范：GB/T 50050—2017［S］．北京：中国计划出版社，2017.

[17] 中华人民共和国水利部．水利水电工程压力钢管设计规范：SL/T 281—2020［S］．北京：中国水利水电出版社，2021.

[18] 中国工程建设标准化协会．自密实混凝土应用技术规程：T/CECS 203—2021［S］．北京：中国计划出版社，2021.

[19] 中华人民共和国住房和城乡建设部，中华人民共和国国家质量监督检验检疫总局．混凝土结构工程施工规范：GB 50666—2011［S］．北京：中国建筑工业出版社，2012.

[20] 中华人民共和国水利部．水工建筑物水泥灌浆施工技术规范：SL/T 62—2020［S］．北京：中国水利水电出版社，2020.

[21] 国家能源局．水工自密实混凝土技术规程：DL/T 5720—2015［S］．北京：中国电力出版社，2015.